普通高等教育数据科学与大数据技术专业教材

Java 编程基础实践指导

主　编　张焕生　陈　勇　崔炳德

副主编　崔凌云　孙晓磊　王建文　李亚娟

中国水利水电出版社
www.waterpub.com.cn
·北京·

内 容 提 要

　　本书根据编者多年的教学和软件开发经验，精心筛选实践教学中广为学生接受的典型案例进行讲解、循序渐进、深入浅出。本书内容翔实、代码完整、实用易读，并有一定的广度和深度，基本覆盖了Java程序设计的核心内容，引导读者逐步掌握Java语言的关键知识点，深入了解程序设计的过程，学会Java面向对象的编程思想和设计方法，并且可以边学习边实践，做到触类旁通、举一反三。

　　本书可作为普通高等院校Java语言教学的实践指导书，也可作为Java自学者的参考用书。

图书在版编目（ＣＩＰ）数据

Java编程基础实践指导 / 张焕生，陈勇，崔炳德主
编. -- 北京：中国水利水电出版社，2020.8
　普通高等教育数据科学与大数据技术专业教材
　ISBN 978-7-5170-8690-1

　Ⅰ. ①J… Ⅱ. ①张… ②陈… ③崔… Ⅲ. ①JAVA语
言－程序设计－高等学校－教学参考资料 Ⅳ.
①TP312.8

中国版本图书馆CIP数据核字(2020)第122773号

策划编辑：石永峰　责任编辑：石永峰　加工编辑：孙学南　封面设计：梁　燕

书　　名	普通高等教育数据科学与大数据技术专业教材 **Java 编程基础实践指导** Java BIANCHENG JICHU SHIJIAN ZHIDAO
作　　者	主　编　张焕生　陈　勇　崔炳德 副主编　崔凌云　孙晓磊　王建文　李亚娟
出版发行	中国水利水电出版社 （北京市海淀区玉渊潭南路 1 号 D 座　100038） 网址：www.waterpub.com.cn E-mail: mchannel@263.net（万水） 　　　　sales@waterpub.com.cn 电话：（010）68367658（营销中心）、82562819（万水）
经　　售	全国各地新华书店和相关出版物销售网点
排　　版	北京万水电子信息有限公司
印　　刷	三河市铭浩彩色印装有限公司
规　　格	210mm×285mm　16 开本　7.5 印张　181 千字
版　　次	2020 年 8 月第 1 版　2020 年 8 月第 1 次印刷
印　　数	0001—3000 册
定　　价	22.00 元

前　言

作为 IT 领域的主流编程语言之一，Java 语言具备跨平台性、安全性、健壮性、性能优异、支持多线程、分布式计算等特点，是当今 Internet 上非常流行和受欢迎的一种面向对象程序开发语言。Java 语言的开源特点吸引了大批 IT 精英为其添砖加瓦，使其新技术和新功能层出不穷。

Java 程序设计是很多高校计算机类专业的编程语言基础课，Java 语言知识点众多，初学者容易产生无从下手之感；目前 Java 程序设计的教材较多，但是与之相适应的实践指导书却较少。针对以上两个问题，编者结合多年的 Java 编程教学和软件开发经验，精选典型实践案例编写了这本实践指导书。

全书紧扣课程教学内容，精选大量典型案例和综合实例，同时给出详细的分析、解答及程序上机运行结果。本书讲解循序渐进、深入浅出，内容基本覆盖 Java 程序设计的核心内容，引导读者逐步掌握 Java 语言的关键知识点，学会 Java 面向对象的编程思想和设计方法。具体内容如下：第 1 章介绍 Java 开发工具的下载和环境的安装，帮助读者熟悉编程环境；第 2 章介绍 Java 语言的基础知识，包括标识符、数据类型、运算符、控制语句；第 3 章介绍 Java 面向对象程序设计的相关知识，包括类和对象的基本概念、构造方法、重载、修饰符、包的创建等；第 4 章介绍数组、字符串类、Math 类及其他实用类库；第 5 章至第 9 章介绍继承、多态、抽象类、接口、异常处理、I/O、集合、图形用户界面设计等知识；第 10 章介绍 JDBC 数据库编程。

本书中的实践题目都是编者根据近年的教学和软件开发经验，精心筛选的实践教学中广为学生接受的典型案例，内容翔实、代码完整、实用易读，并有一定的广度和深度，读者可边学习、边操作、边思考。

本书由张焕生、陈勇、崔炳德任主编，崔凌云、孙晓磊、王建文、李亚娟任副主编，由张焕生统稿。

由于编者水平有限，加之时间仓促，书中难免有疏漏和欠妥之处，恳请读者批评指正。

编　者
2020 年 5 月

目　录

第 1 章　Java 语言概述

实践导读

Java 是一门功能强大的、静态的、面向对象的编程语言。学习 Java 应该先了解 Java 语言的发展历史、运行机制和面向对象的特点，并学会 Java 开发环境的搭建，通过上机实践进一步了解 Java 语言的特性，学会编写简单的 Java 程序。

本章的主要知识点如下：

- Java 语言的发展历史、版本和三大平台。
- Java 语言的运行机制。
- Java 语言面向对象的特性。
- Java 语言的跨平台性和可移植性。
- Java 开发工具的安装和使用。
- 简单 Java 程序的编写、编译和运行。

实践目的

- 熟悉 Java 语言的开发环境。
- 了解 Java 语言的运行机制。
- 了解 Java 程序在软件开发中的书写规范。
- 掌握简单 Java 程序的调试、编译和运行。

实践 1：Java 的开发环境

编写一个 Java 语言程序，要经过从源程序的录入到程序的调试、编译与运行等步骤，而在进行 Java 程序的编写之前，需要下载和安装 JDK（Java Development Kit）并配置环境变量。

【实践题目】下载、安装 JDK 并配置环境变量。

1. 下载 JDK

打开官网 http://www.oracle.com/，进入如图 1-1 所示的页面。

图 1-1　JDK 下载页面

说明：若要安装最新版本 JDK13，可在当前页面直接单击 DOWNLOAD 按钮下载。
当前页面中还提供 JDK11、JDK8、JDK7 的直接下载，如图 1-2 所示。

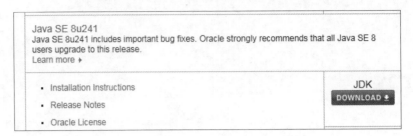

图 1-2　JDK 下载页面

如果需要下载其他的历史版本，可在当前页面的最下方找到 Java Archive。单击
DOWNLOAD 按钮后即可进入包含所有历史版本的页面，如图 1-3 所示。

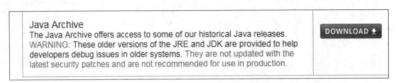

图 1-3　JDK 历史版本

2. 安装 JDK

双击运行下载的 JDK 可执行文件即可开始安装，安装过程中可选择默认的安装路径，
也可以根据需要手动更改安装路径。

（1）安装 JDK 中的主要文件夹和文件。安装成功后，安装目录的 bin 文件夹中包含编
译器（javac.exe）、解释器（java.exe）等可执行文件。

（2）设置环境变量。进行 Java 程序开发时，一般是在用户自己建立的文件夹中进
行，而不是在 JDK 的安装目录下，因此，为了使程序在编译和运行时能找到编译器程
序 javac.exe 和解释器程序 java.exe，需要将它们所在的 \bin 目录在环境变量 path 中进行设
置。否则，如果被执行的程序文件不在 \bin 目录下，就会产生程序文件找不到的错误。

Windows 的不同版本中环境变量的配置会略有不同，但差别不大。下面以 Windows 7
为例进行说明。

1）右击"计算机"，在弹出的快捷菜单中选择"属性"选项。在打开的界面中选择"高
级系统设置"，弹出"系统属性"对话框。

2）在"高级"选项卡中单击"环境变量"按钮，弹出"环境变量"对话框。

3）在"系统变量"列表框中选择 Path（如果没有该变量，则新建一个），单击"编辑"
按钮，弹出"编辑系统变量"对话框，如图 1-4 所示。

图 1-4　环境变量 Path 的设置

4）在"变量值"文本框中添加 C:\Program Files\Java\jdk-13.0.1\bin（以实际 JDK 的安

装位置和版本为准），单击"确定"按钮。

说明：在图 1-4 中添加变量值时，要加";"（英文半角）进行各个变量值的分隔；也可以新建一个系统变量 JAVA_HOME，将其值设为：C:\Program Files\Java\jdk-13.0.1，然后再配置 Path 的值：...;%JAVA_HOME%\bin;...。

5）配置完成后，打开 DOS 窗口，在命令提示符下输入 javac 或 java 命令，出现参数提示信息则安装成功；如果提示 'java' 不是内部或外部命令，也不是可运行的程序或批处理文件（或 Command not found），则说明 Path 环境变量配置错误。

6）系统中可以安装多个版本的 JDK，在 DOS 窗口的命令提示符下可以输入 java -version 命令来查看当前使用的版本。

实践 2：运行机制

Java 程序的执行需要经过编辑、编译和运行过程，如图 1-5 所示。Java 源程序经过编译之后得到的不是机器码，而是一种与平台无关的字节码（.class 文件），这种字节码需要 Java 解释器来执行才能生成特定平台的机器码，所以 Java 既是编译型的语言，又是解释型的语言。

图 1-5　Java 程序的执行过程

【实践题目 1】编写简单的 Java 程序，了解其运行机制。

1. 编写源程序

```
//MyFirst.java
public class MyFirst{
    public static void main(String args[]){
        System.out.println("欢迎使用Java!");
    }
}
```

Java 程序编写的基本规则如下：

（1）Java 程序必须以 class（类）为基本单位。上述 Java 程序就是包含在一个类的框架 public class MyFirst{...} 中，其中 MyFirst 是一个自定义编写的类，Java 程序的类也可以由系统提供。

（2）每一个 Java 程序有且仅有一个主类（用修饰符 public 修饰的类），一般 main() 方法所在的类即为主类，主类以它作为程序执行的起始点，并且从它结束。在 Java 中 main() 的书写格式固定为 public static void main(String args[]){...}。

（3）类名要符合标识符的命名规则，程序中的每条语句以分号结尾。

（4）程序编辑之后，需要对源程序进行保存。如果程序中有一个修饰符为 public 的类，此时文件名和该类名必须保持一致。例如上述程序文件名应为 MyFirst.java，注意大小写。

2. 编译

通过编译器 javac.exe 对源程序进行编译：

如果程序没有错误，则屏幕上不显示任何信息，此时源程序所在的目录下会自动生成文件名与程序中类名相同，但扩展名为 .class 的文件，否则会显示出错信息。

3. 运行

通过解释器 java.exe 运行字节码，得到本地计算机代码，显示程序的运行结果。

java 程序名

【实践题目 2】熟悉 Java 的开发环境。

建议 Java 初学者选用下面介绍的第 1 种或第 2 种方式编写 Java 程序，因为使用这些简单工具编程时，程序代码都是由编程者手工录入的，有利于掌握 Java 语言的基础知识。

如果已经掌握了 Java 的基础知识，并有一定的程序设计经验，则最好使用 Java 集成开发环境 IDE（如 Eclipse、NetBeans 等），即下面介绍的第 3 种方式。因为 IDE 不但提供了方便操作的编辑功能，还提供了强大的软件测试、编译、运行和代码的自动生成等功能。

针对上面的 MyFirst.java 程序可以在以下环境下进行编辑、编译和运行。

1. 使用记事本

（1）在记事本中编辑源程序，然后将其保存到 E:\javacode 目录下，文件名为 MyFirst.java（文件名和主类名一致），如图 1-6 所示。

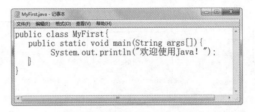

图 1-6　在记事本中编写程序

（2）在运行窗口中输入 cmd，然后按回车键确认（或者使用 WIN+R 快捷键）切换到命令行窗口，切换到 MyFirst.java 的保存目录，输入 javac MyFirst.java 进行编译，如图 1-7 所示。编译之后得到字节码（MyFirst.class）。

图 1-7　编译程序

（3）在命令行中输入 java MyFirst 运行程序，得到的运行结果如图 1-8 所示。

图 1-8　运行程序

2. 使用 UltraEdit、Editplus 等文本编辑器

可以在 UltraEdit、Editplus 等文本编辑器中进行 Java 开发环境的简单配置，辅助完成程序的编辑、编译和运行等操作（以 UltraEdit 为例）。

（1）编译 Java 程序的设置。选择"高级"→"工具配置"命令，弹出"工具配置"对话框，在其中进行如下设置：

● 命令行：javac %n%e（%n 为文件名，%e 为扩展名）。

● 工作目录：%p（表示程序文件所在的目录）。

● 菜单项目名称：编译。

● DOS 命令输出：选择"输出到列表方块"单选按钮和"捕捉输出"复选框。

设置完成后单击"插入"按钮，如图 1-9 所示。

（2）运行 Java 程序的设置。

● 命令行：java %n（注意此处无扩展名）。

● 工作目录：%p。

● 菜单项目名称：运行。

设置完成后单击"插入"按钮，如图 1-10 所示。单击"确定"按钮，完成配置。

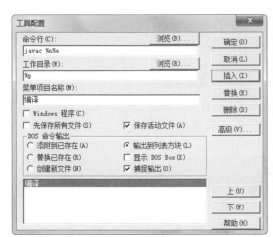
图 1-9　编译命令的设置

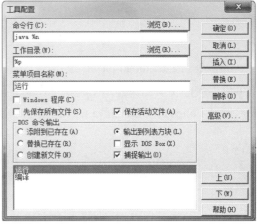
图 1-10　运行命令的设置

（3）设置完成后，"高级"菜单下增加了"编译"和"运行"两个子菜单项，如图 1-11 所示，即可对当前的 Java 程序随时使用菜单命令完成编译和运行。

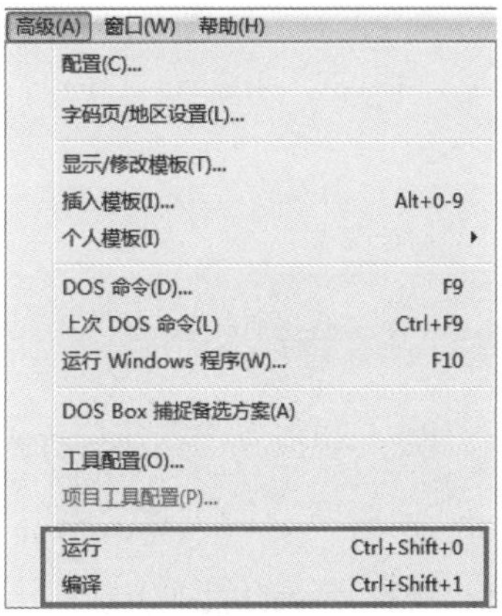

图 1-11　使用菜单编译和运行程序

3. 使用集成开发环境 Eclipse

使用前面介绍的记事本、UltraEdit 工具编程时，程序代码都是由编程者手工录入的，有利于初学者掌握 Java 语言的基础知识。当有了一定的 Java 程序设计基础后，可以利用 Java 强大的集成开发环境提高程序开发效率。

Eclipse 提供了可扩展的免费集成开发环境，可以在官网 http://www.eclipse.org 上下载。目前，Eclipse 是 Java 编程人员使用最多的开发工具。

（1）下载 Eclipse。打开官网，单击 Download 按钮，进入 Eclipse 的下载页面，如图 1-12 所示。

图 1-12　Eclipse 下载页面

（2）单击 Download 64 bit 按钮可下载目前 Eclipse 最新版本的安装文件（exe 文件），也可以单击图 1-13 中的 Download Packages 进行 zip 文件的下载，进入如图 1-14 所示的界面，选择 Eclipse IDE for Java Developers，在右侧根据所使用的系统选择下载的版本。

图 1-13　下载 zip 文件

图 1-14　Eclipse IDE for Java Developers 界面

（3）如果要下载其他的版本，可在 Download Packages 界面中找到 MORE DOWNLOADS，如图 1-15 所示，选择需要的版本下载。

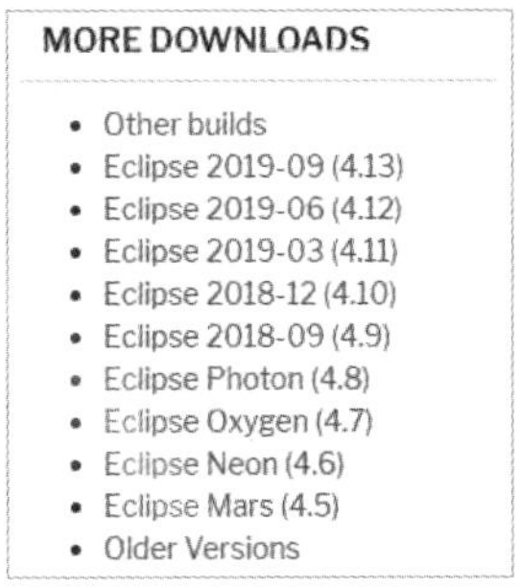

MORE DOWNLOADS

- Other builds
- Eclipse 2019-09 (4.13)
- Eclipse 2019-06 (4.12)
- Eclipse 2019-03 (4.11)
- Eclipse 2018-12 (4.10)
- Eclipse 2018-09 (4.9)
- Eclipse Photon (4.8)
- Eclipse Oxygen (4.7)
- Eclipse Neon (4.6)
- Eclipse Mars (4.5)
- Older Versions

图 1-15　Eclipse 其他版本的下载

（4）使用 Eclipse 之前，需要安装 JDK，配置好环境变量。

运行 Eclipse，选择一个目录作为 Workspace（Java 项目的保存位置）后进入 Eclipse 集成开发环境，如图 1-16 所示。Package Explorer 视窗用于显示项目结构、包、类等资源信息，在视窗中右击，在弹出的快捷菜单中选择 New → Java Project 命令新建一个项目（MyProject），在该项目下右击，在弹出的快捷菜单中选择 New → Class 命令，在默认包（default package）中新建一个类（MyFirst.java），然后在工作区中编辑、调试程序。单击 Run 按钮 ⚫ 运行程序，可在 Console 视窗中查看程序运行的结果。

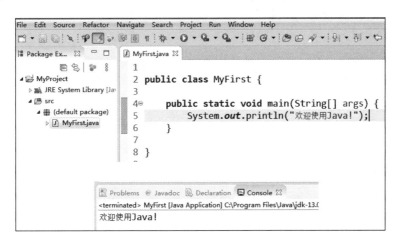

图 1-16　Eclipse 主界面

【实践题目 3】编写一个类名为 TestPro 的 Java 程序，输出 "This is my first program!"。

```java
//TestPro.java
public class TestPro{
    public static void main(String args[]){
        System.out.println("This is my first program!");
    }
}
```

第 2 章　Java 语言基础

　　Java 语言程序是由一些基本符号组成的字符序列，这些字符序列按照一定的控制结构构成一个个的类。类是数据成员与方法成员的封装体，数据是类的核心。Java 语言要求数据要有确定的数据类型，数据类型可以是基本数据类型，也可以是复杂数据类型。类相对于基本数据类型而言，是一种复杂数据类型。本章通过上机实践进一步认识和理解 Java 中标识符的命名规则、基本数据类型、运算符及其优先级、3 种基本控制结构和 Scanner 类的使用，理解 Java 程序的编写规范。

　　本章的主要知识点如下：

- Java 语言的字符集、标识符和关键字的定义。
- Java 语言的基本数据类型及使用方法。
- Java 语言的基本运算符。
- Java 程序的基本控制结构。
- Scanner 类接收数据。

实践目的

- 了解 Java 语言的字符集，认识关键字，掌握标识符的命名规则。
- 掌握 Java 的基本数据类型，了解常量、变量和扩展的数据类型。
- 掌握 Java 语言基本运算符的使用和优先级。
- 掌握 Java 程序的基本控制结构。
- 掌握 Scanner 类的使用。

实践 1：字符集、标识符和关键字

【实践题目 1】了解字符集。

　　字符集是指一个字符的有序列表，其中的每个字符都对应一个特定的数值编码。Java 语言使用的字符集是 ＿＿＿＿＿ 字符集。每个字符编码由 ＿＿＿＿＿ 位二进制数组成，即采用 ＿＿＿＿＿ 对字符进行编码。该字符集是一个国际化的字符集，在程序中可以使用全球多个国家的语言符号，不会因使用了不同的系统而造成表示符号的混乱，这也是 Java 语言实现跨平台性和可以使用多种语言编程的基础。

　　填空答案：

　　Unicode　　　16　　　双字节

【实践题目 2】掌握标识符和关键字。

1．标识符是赋予变量、类、方法和对象等的名称。标识符的命名规则：由 ＿＿＿＿＿＿、下划线（_）或美元符号（$）开头，随后可以跟 ＿＿＿＿＿＿、＿＿＿＿＿＿、下划线或美元符号，也可以由汉字组成，要区分字母的 ＿＿＿＿＿＿ 写，不能与 ＿＿＿＿＿＿ 同名。

填空答案：

字母　数字　字母　大小　关键字

2．关键字是语言本身提供的一种特殊的标识符，具有专门的意义和特殊的用途，不能当作一般的标识符使用，因此关键字又称为保留字。

3．判断下列标识符的合法性：

① My_name　　② %ty　　③ ut*　　　　④ The world　　⑤ stud*
⑥ 89Hello　　⑦ class　　⑧ $_MyFirst　　⑨ implements

判断答案：

① √　② ×　③ ×　④ ×　⑤ ×　⑥ ×　⑦ ×　⑧ √　⑨ ×

实践 2：基本数据类型和基本运算符

【实践题目 1】掌握基本数据类型。

1．整数类型分为 ＿＿＿＿＿、＿＿＿＿＿、int、long 四种类型。

2．八进制数"\102"和十六进制数"\u0042"都代表字符 ＿＿＿＿＿。

3．整型数据可以采用 ＿＿＿＿＿、＿＿＿＿＿、＿＿＿＿＿ 3 种进制表示。八进制的整数以数字 ＿＿＿＿＿ 开头，十六进制的整数以 ＿＿＿＿＿ 开头。

4．在 Java 语言中，字符串"C:\\javacode\\My.java"中包含 ＿＿＿＿＿ 个字符，字符串"AC\tD\b\nB\101"中包含 ＿＿＿＿＿ 个字符。

5．在 Java 的基本数据类型中，每个字符占用 ＿＿＿＿＿ 字节内存空间，int 整型数占用 ＿＿＿＿＿ 位内存，long 整型数占用 ＿＿＿＿＿ 位内存，127L 表示 ＿＿＿＿＿ 常量。根据占用内存的长度将浮点常量分为 ＿＿＿＿＿ 和 ＿＿＿＿＿ 两种，单精度浮点常量占用 ＿＿＿＿＿ 位内存，双精度浮点常量占用 ＿＿＿＿＿ 位内存，Java 默认的浮点型常量为 ＿＿＿＿＿ 型。布尔型也称逻辑型，关键字用 boolean 表示，逻辑值有两个，分别为 ＿＿＿＿＿ 和 ＿＿＿＿＿。

填空答案：

1．byte　short

2．B

3．八进制　十进制　十六进制　0　0x

4．19　8

5．2　32　64　long 型（或长整型）　float　double　32　64　double　true　false

【实践题目 2】练习使用赋值运算符与算术运算符。

1．自加自减运算符的运算规则。

```
//Example2_1.java
public class Example2_1{
    public static void main(String[] args) {
        int a=2;
        int b=(++a)*3;     //a先加1，再参与运算
```

```
        int c=(a--)+3;        //a先参与运算，再减1
        System.out.println(a+"\t"+b+"\t"+c);
    }
}
```

程序运行结果：

2　9　6

2．按正确格式输出结果。

```
//Example2_2.java
public class Example2_2{
    public static void main(String[] args){
        int x=25;
        float y=1.34f;
        System.out.println(0x61+"\t"+012);
        System.out.println("\'J\101V\u0041\'");
        System.out.println(x%3);
        System.out.println(x/3);        //表达式向0取整
        System.out.println(y+x*5);    //自动类型转换
        System.out.println((int)y);    //强制类型转换
    }
}
```

程序运行结果：

```
97    10
'JAVA'
1
8
126.34
1
```

3．混合运算中的类型转换。

```
//Example2_3.java
public class Example2_3{
    public static void main(String[] args){
        byte b=127;
        char c='A';
        short s=98;
        double d=78.56;
        //低级类型向高级类型自动转换
        System.out.println(b+c);
        System.out.println(b+c+s+d);
        //高级类型到低级类型的强制转换
        System.out.println((int)d);
        System.out.println((char)s);
    }
}
```

程序运行结果：

```
192
368.56
78
b
```

通过本次实践应该了解和掌握以下几点：

（1）赋值运算符"＝"左侧必须是变量，不能是常量或表达式。

（2）单目运算符"++"（自加）和"--"（自减）的操作数只有一个，必须是变量，不能是常量或表达式。当操作数在左侧与右侧时是不同的：++i 遵循先加 1 后使用的原则（先把变量 i 加 1，再在表达式中使用当前 i 的值运算）；i++ 遵循先使用后加 1 的原则（先在表达式中使用当前变量 i 的值，再把 i 加 1）。"--"运算符的使用方法同"++"运算符。

（3）"/"运算符的两个操作数如果都为整型，则结果也为整型，采用"向 0 取整"的原则；如果有一个操作数为浮点数，则结果也为浮点数。

（4）自动类型转换按低级数据类型向高级数据类型转换的规则进行，高级数据类型要转换成低级数据类型需要进行强制类型转换。

（5）双目运算符"*""/""%"的优先级高于"+"与"-"，结合方向自左向右；单目运算符的优先级高于双目运算符，结合方向自右向左；"＝"运算符的优先级最低，结合方向自右向左。

【实践题目 3】练习使用关系运算符与逻辑运算符。

1．按正确格式输出结果。

```java
//Example2_4.java
public class Example2_4{
    public static void main(String[] args){
        int i=6,j=7;
        char c='a';
        System.out.println(i>j);
        System.out.println(++i==j);
        System.out.println(i>=3||j<2);
        System.out.println((char)(c^20));
    }
}
```

程序运行结果：

```
false
true
true
u
```

2．注意逻辑运算中的短路运算。

```java
//Example2_5.java
public class Example2_5{
    public static void main(String[] args){
        int x=8,y=3;
        boolean b;
        b=x>y||(--x>y++);    //x>y成立，b即为true，||运算符右侧表达式不再参与运算
        System.out.println(x);
        System.out.println(y);
        System.out.println(b);
    }
}
```

程序运行结果：

```
8
3
true
```

通过本次实践应该了解和掌握以下几点：

（1）关系表达式、逻辑表达式的结果类型为布尔型。

（2）使用逻辑运算符"&&"或"||"时，注意短路运算，即"&&"运算符的左侧表达式如果为 false，右侧表达式不再参与运算，整个表达式的结果为 false；"||"运算符的左侧表达式如果为 true，右侧表达式不再参与运算，整个表达式的结果为 true（如 Example2_5.java）。

（3）关系运算符的优先级高于逻辑运算符。

【实践题目 4】练习使用三目运算符。

1．读程序，输出结果。

```
//Example2_6.java
public class Example2_6{
    public static void main(String[] args){
        int n=3;
        System.out.println(n++>5?n:++n);    //输出结果为5
    }
}
```

2．比较 3 个数的大小并输出最大数。

```
//Example2_7.java
public class Example2_7{
    public static void main(String[] args){
        int x=8,y=3,z=5;
        int max;
        max=x>=y?x:y;
        max=max>=z?max:z;
        System.out.println("3个数中最大的数是："+max);    //输出结果为8
    }
}
```

3．三目运算符的嵌套，比较 4 个数的大小并输出最大数。

```
//Example2_8.java
public class Example2_8{
    public static void main(String[] args){
        int a=5,b=7,c=9,d=2;
        System.out.println("4个数中最大的数是："+(a>b?a:c>d?c: d));    //输出结果为9
    }
}
```

通过本次实践应该了解和掌握以下两点：

（1）三目运算符"?:"可以嵌套，结合方向自右向左。

（2）三目运算符大部分时候是作为 if...else... 的精简写法。

实践 3：控制结构

【实践题目 1】练习使用选择结构。

1．双分支选择结构比较两个数的大小，并输出较大数。

```
//Example2_9.java
public class Example2_9{
    public static void main(String[] args){
```

```
        int x=8,y=3;
        if(x>=y) {
            System.out.println("两个数中较大的数是："+x);
        }
        else{
            System.out.println("两个数中较大的数是： "+y);
        }
    }
}
```

程序运行结果：

两个数中较大的数是：8

2．判断某个年份是否是闰年。

```
//Example2_10.java
public class Example2_10{
    public static void main(String[] args){
        int year=2020;
        if(year%4==0&&year%100!=0||year%400==0){
            System.out.println(year+"年是闰年");
        }
        else {
            System.out.println(year+"不是闰年!");
        }
    }
}
```

程序运行结果：

2020年是闰年

3．多分支选择结构判断是否是闰年。

```
//Example2_11.java
public class Example2_11{
    public static void main(String[] args){
        int year=2020;
        if(year%4==0&&year%100!=0){
            System.out.println(year+"年是闰年");
        }
        else if(year%400==0){
            System.out.println(year+"年是闰年!");
        }
        else{
            System.out.println(year+"不是闰年!");
        }
    }
}
```

程序运行结果：

2020年是闰年

4．switch 语句应用。

```
//Example2_12.java
public class Example2_12{
    public static void main(String[] args){
        int x=6;
```

```
switch(x){
case 3:
    x++;
    System.out.println(x);
    break;        //跳出switch语句
case 2+4:
    x--;
    System.out.println(x);
    break;
default:
    x+=2;
    System.out.println(x);
    }
  }
}
```

程序运行结果：

5

通过本次实践应该了解和掌握以下几点：

（1）switch 语句后面的控制表达式的类型只能是 byte、short、char、int、枚举类型和 java.lang.String 类型。case 子句后代码块中的 break 如果没有特殊需要，不要轻易省略。

（2）break 一般用于跳出 switch 语句或循环结构。

（3）在 if 的双分支和多分支结构中，应注意 else 的隐含条件或 else if 后面的控制条件是对前面条件的取反。

【实践题目 2】练习使用循环结构。

1．求 1-1/2+1/3-1/4+…-1/20 的值。

```
//Example2_13.java
public class Example2_13{
  public static void main(String[] args){
      int sign=1;
      float n=2,sum=1;
      while(n<=20) {
        sign=-sign;
        sum+=(1/n)*sign;
        n++;
      }
      System.out.println(sum);
    }
}
```

程序运行结果：

0.6687713

2．输出 100 ~ 1000 之间的水仙花数（"水仙花数"是指一个三位数，其各位数字的立方和等于该数本身）。

```
//Example2_14.java
public class Example2_14{
  public static void main(String[] args){
      int n = 100;
      System.out.print("水仙花数为：");
```

```
        do {
            int i = n % 10 ;           //获取个位
            int j = ( n / 10) % 10 ;   //获取十位
            int k = n / 100 ;          //获取百位
            //判断是否是水仙花数
            if ((i * i * i + j * j * j + k * k * k ) == n){
                System.out.print(n+" ");
            }
            n++;
        }while (n<1000);
    }
}
```

程序运行结果：

水仙花数为：153 370 371 407

3．找出 100 以内 15 的倍数并输出。

```
//Example2_15.java
public class Example2_15{
    public static void main(String[] args){
        int index =1;
        while(index++<=100){
            if(index%15!= 0)
                continue;   //跳过本次循环，根据循环条件判断是否进入下一次
            System.out.print(index+"\t");
        }
    }
}
```

程序运行结果：

15　30　45　60　75　90

4．按照正确格式输出结果。

```
//Example2_16.java
public class Example2_16{
    public static void main(String[] args) {
        int i;
        for(i=1;i<=10;i++){
            if(i%2==0)
                continue;
            System.out.print(i+" ");
        }
        System.out.println();
        System.out.println("循环中断时i="+i);
    }
}
```

程序运行结果：

13579
循环中断时i=11

5．利用循环的嵌套输出图案。

```
//Example2_17.java
public class Example2_17{
    public static void main(String[] args){
```

```java
    for(int i=0;i<3;i++) {
      for(int j=2-i;j>0;j--) {
        System.out.print(" ");
      }
      for(int k=0;k<2*i+3;k++) {
        System.out.print("*");
      }
      System.out.println();
    }
    for(int i=0;i<2;i++) {
      for(int j=0;j<i+1;j++) {
        System.out.print(" ");
      }
      for(int k=5-2*i;k>0;k--) {
        System.out.print("*");
      }
      System.out.println();
    }
  }
}
```

程序运行结果：

```
  ***
 *****
*******
 *****
  ***
```

6．foreach 循环。

```java
//Example2_18.java
public class Example2_18{
  public static void main(String args[]){
    int[] a={10,35,79};
    for(int k:a){
      System.out.println(k);
    }
  }
}
```

程序运行结果：

```
10
35
79
```

通过本次实践应该了解和掌握以下几点：

（1）while 循环先计算布尔表达式的值，再根据计算结果确定是否执行循环体，因此循环体有可能一次也不执行；do...while 循环先执行循环体，再计算布尔表达式的值，因此循环体至少被执行一次。

（2）当只有一条循环体语句时，可以不要大括号。但为了使程序结构清晰，建议在任何情况下都写上大括号。

（3）for 循环、while 循环和 do...while 循环都可以嵌套。嵌套循环由一个外层循环和一个或多个内层循环组成。每当外层循环重复时，就重新进入内层循环，重新计算它的循环控制参数。

（4）foreach 循环一般用于遍历数组或集合，简化循环语句的书写。

实践 4：Scanner 类接收数据

1．输入一个年份，判断其是否是闰年。

```java
//Example2_19.java
import java.util.*;
public class Example2_19{
    public static void main(String[] args){
        int year;
        Scanner sc=new Scanner(System.in);
        System.out.println("请输入一个年份：");
        year=sc.nextInt();
        if(year%4==0&&year%100!=0||year%400==0){
            System.out.println(year+"是闰年");
        }
        else {
            System.out.println(year+"不是闰年！");
        }
        sc.close();
    }
}
```

2．根据所输入的商品数量，按一定折扣计算总金额。

```java
//Example2_20.java
import java.util.Scanner;
public class Example2_20{
    public static void main(String[] args) {
        int amount;              //商品数量
        double money,total;      //商品折后金额和总金额
        double PRICE=26.8;       //商品原价
        Scanner sc=new Scanner(System.in);
        System.out.println("请输入商品数量：");
        amount=sc.nextInt();
        if(amount>100)
            money=PRICE*0.9;     //数量超过100件，价格打9折
        else if(amount>50)
            money=PRICE*0.95;    //数量超过50件，价格打9.5折
        else
            money=PRICE;         //价格不打折
        total=money*amount;
        System.out.println("商品数量是："+amount+ "，总金额为："+total);  //显示商品数量和总金额
        sc.close();
    }
}
```

第 3 章　类和对象

学习 Java 语言就是学习类与对象的设计，通过上机实践学会运用面向对象的编程思想使现实世界中的事物与程序中的类和对象直接对应，解决实际问题。

本章的主要知识点如下：

- class 是定义类的关键字，类名除了符合标识符的命名规则外，应尽量做到见名知义。类名如果是由多个单词组成的，每个单词的首字母都要大写。类前面的修饰符有 final、public、abstract 和缺省状态。

- 创建对象包括 3 个组成部分：对象的声明、实例化和初始化。

- 构造方法主要是为了完成对象的实例化，名称与类名必须一致，没有返回值，因为一个类的构造方法的返回值类型就是该类的对象。一个类中允许出现多个构造方法。

- 成员方法的修饰符主要有 public、private、protected、static、final、abstract 或缺省等。方法声明时要有返回值类型，即使是无类型也需要用 void 修饰，且返回值类型要与方法体中 return 后面表达式的类型一致或兼容。方法名要符合标识符的命名规则，尽量做到见名知义，如果是由多个单词组成，除第一个单词的首字母不大写外，其他单词的首字母都要大写。

- 方法的参数传递机制是将实参值复制一份传给对应的形参。

- 方法的递归是在一个方法的内部调用自身的过程。递归程序的执行过程分为回溯和递推两个阶段，递归一定要遵循向已知方向进行的原则。

- 方法的重载是指两个或两个以上的方法具有相同的名称和不同的形式参数（不同的形式参数是指参数类型不同、参数个数不同或者是参数个数相同的情况下参数顺序不同）。方法名与形式参数一般合称为方法头标志，调用方法时 Java 系统根据方法头标志决定调用哪个方法。

- 成员变量是在类体中定义的变量，通常放在方法成员之前，局部变量是在类的方法中定义的变量，可通过作用域、初始值等对二者进行区分。用 static 修饰的成员变量称为类变量（或静态变量），独立于该类的任何对象，被类的所有实例共享，在加载类的过程中完成类变量的内存分配，可用类名直接访问，也可以通过对象来访问（不推荐）；没有用 static 修饰的变量称为实例变量，每创建一个实例就会为实例变量分配一次内存，互不影响（灵活）。

- 类方法中可以直接引用类变量，但不能直接引用非静态变量；如果希望在静态方法中调用非静态变量，可以先创建类的对象，再通过对象来访问非静态变量；实例方法中，可以直接访问同类的非静态变量和静态变量；静态方法中不能使用 this 关键字。

- 类的封装是面向对象的三大特征之一，是指将对象的状态信息隐藏在对象的内部，只能通过对外提供的方法进行数据的访问，限制对成员变量的不正当存取。访问控制符用于控制一个类的成员是否可以被其他类访问，对于局部变量而言，其作用域是它所在的方法，因此不能使用访问控制符来修饰。程序设计中，确定一个成员用什么访问控制符修饰，要视访问控制的具体情况而定。单例设计模式能够保证一个类只创建一个实例，使得其他类不能任意地创建该类的对象，在某些场景下具有特定的意义，能够提高效率。
- 包是对类和接口进行组织和管理的目录结构。
- final 修饰的变量名称在定义时一般由大写字母组成。final 修饰的成员变量如果在定义的同时已经指定了初始值，那么就不能再在构造器中为该成员变量指定初始值。final 修饰的局部变量可以在定义时指定初始值，也可以在后面的代码中再指定。但是无论什么情况，都要确保 final 修饰的变量在使用之前必须被初始化，而且只能显式地赋值一次。

实践目的

- 掌握类的设计过程，认识构造方法。
- 掌握方法的定义和调用。
- 掌握方法的重载和递归。
- 认识成员变量和局部变量。
- 掌握变量与方法的使用规则。
- 学会使用 this 关键字。
- 了解类的封装和访问控制符的使用。
- 学会包的创建和使用。
- 认识被 final 修饰的变量。
- 学会运用面向对象的思想解决实际问题。

实践 1：类的定义和使用

通过实践学习类与对象的设计过程，了解构造方法及其特殊性，学会创建和使用对象。

【实践题目 1】设计一个汽车类，创建该汽车类的实例并输出汽车的配置信息。

程序解析：分析题目要求，找"对象"，然后设计类和使用类，体会类名的命名规则，掌握对象的声明、实例化和初始化的过程。

参考程序：

```java
//CarTest.java
class Car{
    String color;        //汽车的颜色
    float displacement;  //排气量
    int wheelbase;       //轴距
    void equipment(){//输出汽车配置的方法
        System.out.println("汽车的颜色："+color);
        System.out.println("汽车的排气量："+displacement);
```

```
            System.out.println("汽车的轴距："+wheelbase);
        }
    }
    public class CarTest {
        public static void main(String[] args) {
            Car c1=new Car();      //调用默认构造方法实例化对象c1
            c1.color="black";
            c1.displacement=1.8f;
            c1.wheelbase=2480;
            c1.equipment();
        }
    }
```

程序运行结果：

```
汽车的颜色：black
汽车的排气量：1.8
汽车的轴距：2480
```

通过本次实践应该了解和掌握以下几点：

（1）class 是定义类的关键字，类名需要符合标识符的命名规则。

（2）类体一般是由成员变量（数据成员）和方法两部分组成的，二者根据需要可以缺省。

（3）构造方法是一种特殊的方法，每个类都要有构造方法，它完成对象的实例化，名称与类名必须一致，没有返回值。

（4）对象的实例化通过 new 关键字调用构造方法来完成，如果类中没有自定义构造方法，那么编译器给类提供一个默认的构造方法，该构造方法没有参数，而且方法体为空。

【实践题目 2】设计一个 Dog 类，有品种、名字和颜色等属性，要求至少定义两个构造方法，定义一个方法 printInfo() 显示其信息。测试类中至少实例化两个 Dog 对象。

参考程序：

```
//DogTest.java
class Dog{
    String type;
    String name;
    String color;
    Dog(){ }
    Dog(String t,String n,String col){
        type=t;
        name=n;
        color=col;
    }
    //用于输出Dog的属性等信息
    void printInfo(){
        System.out.println("dog的品种是"+type);
        System.out.println("名字是"+name);
        System.out.println("颜色是"+color);
    }
}
public class DogTest{
    public static void main(String args[]){
        Dog d1=new Dog();
        d1.type="博美";
```

```
        d1.name="小白";
        d1.color="白色";
        d1.printInfo();
        Dog d2=new Dog("贵宾","小黄","黄色");
        d2.printInfo();
    }
}
```

程序运行结果：

```
dog的品种是博美
名字是小白
颜色是白色
dog的品种是贵宾
名字是小黄
颜色是黄色
```

通过本次实践应该了解和掌握以下两点：

（1）如果类中有自定义的构造方法，那么 Java 在编译时就不会自动加上默认的构造方法，需要手动添加才能使用。例如程序中自定义了带 3 个参数的 Dog 构造方法，那么无参构造方法 Dog(){} 就不会自动添加，如果想实例化对象时使用它，则需要手动添加到代码中。

（2）程序中出现了两个构造方法，方法名均与类名相同，但功能不同，这称为构造方法的重载，当实例化对象时系统会根据不同的参数形式来区分使用的是哪个构造方法。

实践 2：方法的定义和调用

【实践题目 1】了解参数的传递机制。

分析简单数据类型作形参和引用类型作形参时对实参的影响，并能够得到正确的输出结果。

分析下面的程序，写出正确的结果。

1．程序一。

```java
//SendValue.java
public class SendValue{
    public static void main(String args[]){
        int x=10;
        System.out.println("x is:"+x);
        changeX(x);
        System.out.println("At last x is:"+x);
    }
    static void changeX(int x){
        x++;
        System.out.println("x in changeX() is:"+x);
    }
}
```

程序运行结果：

```
x is:10
x in changeX() is:11
At last x is:10
```

2．程序二。

```java
//PassTest.java
public class PassTest{
    int ptValue;
    public void changeInt(int value) {
        value=20;
    }
    public void changeObj(PassTest value) {
        value.ptValue=200;
    }
    public static void main(String args[]){
        int val;
        PassTest pt=new PassTest();
        val=10;
        pt.changeInt(val);
        System.out.println("Int value is:"+val);
        pt.ptValue=100;
        pt.changeObj(pt);
        System.out.println("pt value is:"+pt.ptValue);
    }
}
```

程序运行结果：

```
Int value is:10
pt value is:200
```

通过本次实践应该了解和掌握以下几点：

（1）方法是类或对象的重要组成部分，由完成一定功能的语句组成，在 Java 里方法不能独立存在，必须定义到类中。

（2）方法定义格式中的方法的修饰符、方法的返回值类型、方法名的命名规则、方法的参数列表。

（3）方法调用时的参数传递机制、参数为简单数据类型和引用类型时的注意事项等。

【实践题目 2】进一步熟悉类的设计、类中方法的设计、参数的传递机制，学会用面向对象的编程思想解决实际问题。

1．编写一个简单的程序，当用户输入摄氏温度时，将其转换成华氏温度并输出。

参考程序：

```java
//Wconvert.java
import java.util.Scanner;
public class Wconvert {
    public double celsToFah(double celsius){//摄氏温度到华氏温度转换的方法
        return 9*celsius/5+32;
    }
    public static void main(String[] args) {
        double celsius;
        Wconvert c=new Wconvert();
        System.out.println("请输入摄氏温度：");
        Scanner sc=new Scanner(System.in);  //获得控制台输入
        celsius=sc.nextDouble();            //获得用户输入的摄氏温度
        System.out.println("转换后的华氏温度为："+c.celsToFah(celsius));
        sc.close();
```

```
    }
  }
```

2．编写一个类，该类中的方法可以判断一个数是否是完全数。

（1）设计一个方法用来判断一个数是否是完全数。

（2）输出 1000 以内的所有完全数。

程序解析：如果某自然数除它本身以外的所有因子之和等于该数，则这个数就是完全数。

参考程序：

（1）程序一。

```
//PerfectNum1.java
import java.util.*;
public class PerfectNum1{
  public static void main(String args[]){
    int pn;
    System.out.println("请输入一个数");
    Scanner sc=new Scanner(System.in);
    pn=sc.nextInt();
    perfect(pn);
    sc.close();
  }
  public static void perfect(int pn){//判断pn是否是完全数的方法
    int sum=0,i;
    for(i=1;i<pn;i++){
      if(pn%i==0)
        sum+=i;
    }
    if(sum==i)
      System.out.println(i+ "是完全数");
    else
      System.out.println(i+ "不是完全数");
  }
}
```

（2）程序二。

```
//PerfectNum2.java
public class PerfectNum2{
  public static void main(String args[]){
    int i,j,sum;
    for(i=1;i<=1000;i++){//控制判断范围
      sum=0;
      for(j=1;j<i;j++){//对1~1000范围内的每一个数进行完全数的判断
        if(i%j==0)
          sum+=j;
      }
      if(sum==i) System.out.println(i+ "\t");
    }
  }
}
```

程序运行结果：

```
6
28
496
```

3．编写一个类，该类中的方法可以判断 100 ～ 1000 之间的所有素数并输出（要求：运行时每输出 10 个素数换行）。

程序解析：一个大于 1 的自然数，除了 1 和它自身外，不能被其他自然数整除的数称为素数。因此，根据素数的概念，判断 n 是否是素数只需要判断它能否被 2 ～ n-1（或者 2 ～ n/2，或者 2 ～ $\sqrt{n}$）整除，如果不能被其中的任何一个数整除就是素数，否则不是素数。

参考程序：

```java
//TestPrime.java
public class TestPrime {
  public static void main(String args[]){
    Prime();
  }
  public static void Prime(){
    int i,j,count=0;
    for(i=100;i<=1000;i++){
      for(j=2;j<i;j++)
        if(i%j==0)
          break;
      if(j>=i) {
        System.out.print(i+"\t");
        count++;
        if(count%10==0)
          System.out.println();
      }
    }
  }
}
```

判断并输出素数的方法还可以写成以下形式（仅供参考）：

```java
public static void Prime(){
  int i,j,count=0;
  for(i=100;i<=1000;i++){
    for(j=2;j<=Math.sqrt(i);j++)
      if(i%j==0)
        break;
    if(j>Math.sqrt(i)) {
      System.out.print(i+"\t");
      count++;
      if(count%10==0)
        System.out.println();
    }
  }
}
```

或者

```java
public static void Prime(){
  int i,j,count=0;
  for(i=100;i<=1000;i++){
    boolean k=true;
    for(j=2;j<=Math.sqrt(i);j++)
      if(i%j==0) {
```

```
        k = false;
        break;
      }
      if(k==true) {
        System.out.print(i+"\t");
        count++;
        if(count%10==0)
          System.out.println();
      }
    }
  }
}
```

通过本次实践应该了解和掌握以下两点：

（1）尽可能地运用人类的自然思维方式分析题目的要求，体会在要解决的问题范围内"找对象"，对对象中所关心的主要属性和行为进行概括和总结（即抽象）得到"类"，这就是类的设计过程。

（2）main 方法是 Java 程序的入口，其中不要涉及太多功能的实现，应该尽可能把功能的实现放到独立的方法中，这样有利于后期维护。

实践 3：方法的递归

【实践题目 1】汉诺塔问题。

有 A、B、C 三根柱子，如图 3-1 所示，在 A 上从下往上按照从大到小的顺序放着 64 个圆盘，以 B 为中介，把盘子全部移动到 C 上。移动过程中，要求任意盘子的下面要么没有盘子，要么只能有比它大的盘子。

程序解析：为了将 n 个盘子从 A 移动到 C，需要先将第 n 个盘子上面的 n-1 个盘子移动到 B 上，这样才能将第 n 个盘子移动到 C 上；同理，为了将第 n-1 个盘子从 B 移动到 C 上，需要将 n-2 个盘子移动到 A 上，这样才能将第 n-1 个盘子移动到 C 上。依此类推，通过递归实现将所有圆盘从 A 移动到 C。

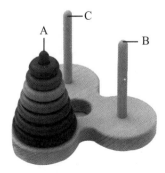

图 3-1　汉诺塔

参考程序：

```
//HnoTower.java
public class HnoTower{
  public static void main(String[] args) {
```

```
        int nDisk=4;
        moveDisk(nDisk,'A','B','C');
    }
    public static void moveDisk(int level,char from,char inter,char to){
        if(level==1)
            System.out.println("从"+from+"移动盘子1号到"+to);
        else{
            moveDisk(level-1,from,to,inter);
            System.out.println("从"+from+"移动盘子"+level+"号到"+to);
            moveDisk(level-1,inter,from,to);
        }
    }
}
```

【实践题目 2】利用递归算法打印杨辉三角（注：打印 9 行）。

程序解析：杨辉三角的特征是每一个内部元素是它上方元素及其左方元素的和，它们的关系可以用一个递归关系来表示，如下：

$$\text{Trian}(n,k)=\begin{cases}1 & k=0 \text{ 或 } k=n \text{（最左边或最右边的数）}\\ \text{Trian}(n\text{-}1,k)+\text{Trian}(n\text{-}1,k\text{-}1) & 0<k<n\end{cases}$$

参考程序：

```
//YangTriangle.java
public class YangTriangle {
    public static void main(String[] args) {
        for(int i=0;i<9;i++){
            for(int j=0;j<=i;j++)
                System.out.print(Trian(i,j)+"\t");
            System.out.println();
        }
    }
    static long Trian(int n,int k){//杨辉三角的输出方法
        if(k<=0||k>=n)
            return 1;
        return  Trian(n-1,k)+Trian(n-1,k-1);
    }
}
```

【实践题目 3】递归解决乘方（x^y）问题。

程序解析：考虑当基本的整数不能满足需求时的情况，例如 2^{32} 的值已经超出了 long 型的最大值，就会得到一个错误的负值，这是我们不愿看到的。使用 java.math 包中的 BigInteger 可以解决这个问题，它可以处理包含任意长度数字序列的整数数值，实现任意长度的整数运算。

这里，需要使用静态的 valueOf 方法将普通的数值转换为大数值，用 multiply 方法实现大数值的乘法运算。

参考程序：

```
//TestPow.java
import java.math.BigInteger;
import java.util.Scanner;
public class TestPow{
    public static void main(String[] args){
        Scanner sc= new Scanner(System.in);
```

```
        int x,y;
        System.out.println("请输入x: ");
        x = sc.nextInt();
        System.out.println("请输入y: ");
        y = sc.nextInt();
        System.out.println("结果为: "+power(x,y)+"\n");
        sc.close()
    }
    public static BigInteger power(int x,int y){//任何范围内的乘方计算
        if(y==0)
            return BigInteger.ONE;      //当指数为0时，结果为1
        if(y==1)
            return BigInteger.valueOf(x);
        //大数的乘法不能直接进行运算，需要调用multiply方法进行
        return BigInteger.valueOf(x).multiply(power(x,y-1));
    }
}
```

通过本次实践应该了解和掌握以下几点：

（1）递归就是直接或间接地调用自身的方法，分为回溯和递推两个阶段，必须遵循向已知方向进行的原则（即递归出口）。

（2）递归实际上体现了"同理""依此类推"的思想，比较接近于人类的思维方式，其优点在于可以用简单的程序来解决某些复杂的需要多次重复计算的问题，大大减少了程序的代码量，而且用递归思想写出的程序往往十分简洁易懂。

（3）递归的缺点在于运行效率较低。在递归调用的过程中需要为每一层的返回地址、局部变量等参数在栈中分配空间进行存储，出入栈的过程会消耗大量的时间和空间，而且当递归层次过多时会导致栈溢出等安全问题。

（4）递归和循环通常可以相互转换，但递归往往思路清晰，算法简单明了，编写代码效率高，循环虽然理解起来较为不便，但执行效率较高。

实践 4：成员变量和局部变量

成员变量是在类体中定义的变量，通常放在方法成员之前，局部变量是在类的方法中定义的变量，可通过作用域、初始值等对二者进行区分。用 static 修饰的成员变量称为类变量（或静态变量），独立于该类的任何对象，被类的所有实例共享，在加载类的过程中完成类变量的内存分配，可用类名直接访问，也可以通过对象来访问（不推荐）；没有用 static 修饰的变量称为实例变量，每创建一个实例就会为实例变量分配一次内存，互不影响（灵活）。

【实践题目】分析下面的程序，区分成员变量与局部变量、静态变量和实例变量的不同。

1. 程序一。

```
//TestVar1.java
class Variable1{
    int var;            //成员变量var
    void show1(){
        int var1=10;    //局部变量var1
```

```
        System.out.println(var);
        System.out.println(var1);
      }
    void show2(){
        System.out.println(var);
        System.out.println(var1);      //错误，var1只能在方法show1中使用
      }
    }
    public class TestVar1 {
      public static void main(String[] args) {
        Variable1 v=new Variable1();
        v.show1();
        v.show2();
      }
    }
```

通过该实例应该了解局部变量的作用域仅限于定义它的方法，即只能在定义它的方法中使用。而成员变量能够被本类的所有方法使用（也可以根据具体需要被其他类的方法使用），所以它的作用域在整个类内部可见。

2. 程序二。

```
//TestVar2.java
class Variable2{
    int var;   //Java会为成员变量var赋予一个初值，此处为0
    void show1(){
        int var1;
        System.out.println(var);
        System.out.println(var1);   //错误，Java不会为一个局部变量赋予一个默认值
      }
    void show2(){
        System.out.println(var);
      }
    }
    public class TestVar2{
      public static void main(String[] args) {
        Variable2 v=new Variable2();
        v.show1();
        v.show2();
      }
    }
```

通过该实例应该了解 Java 会自动给成员变量一个初始的默认值，而不会给局部变量直接赋予初始值，所以应该注意在局部变量被使用前一定为它指定一个初值。

3. 程序三。

```
//TestVar3.java
class Variable3{
    int var;
    void show1(){
        int var1=10;
        float var1=5.0f;   //错误，同一个方法中不允许出现同名的变量
        System.out.println(var);
```

```
        System.out.println(var1);
    }
    void show2(){
        int var1=6;   //不同的方法中可以出现相同的变量名，互不干扰
        System.out.println(var1);
        System.out.println(var);
    }
}
public class TestVar3 {
    public static void main(String[] args) {
        Variable3 v=new Variable3();
        v.show1();
        v.show2();
    }
}
```

通过该实例应该了解同一个方法中不允许有同名的局部变量，但在不同的方法中可以出现同名的局部变量。

4．程序四。

```
//TestVar4.java
class Variable4{
    int var;
    void show1(){
        int var=10;
        System.out.println(var);
    }
}
public class TestVar4{
    public static void main(String[] args) {
        Variable4 v=new Variable4();
        v.show1();
    }
}
```

输出结果为 10，说明当成员变量和局部变量同名时局部变量具有更高的优先级，即在局部变量的作用范围内成员变量被隐藏。

5．程序五。

```
//Test.java
class A{
    static String a;        //类变量
    String b;               //实例变量
}
public class Test{
    public static void main(String args[]){
        A obj1=new A();
        A obj2=new A();
        A.a="hello";        //通过类名直接引用类变量a
        obj2.a="java";      //通过实例名引用类变量a（不推荐）
        obj1.b="code";
        obj2.b="javacode";
        System.out.println(A.a);
        System.out.println(obj2.a);
```

```
        System.out.println(obj1.b);
        System.out.println(obj2.b);
    }
}
```

程序运行结果：

```
java
java
code
javacode
```

通过该实例应该了解类变量独立于类的任何对象，被所有实例共享，可以在它的任何对象创建之前访问，所以可用类名直接访问，当然也可以通过对象来访问（不推荐）；而实例变量只能通过对象对它进行引用，每创建一个实例就会为实例变量分配一次内存，它们互不影响。

实践 5：代码块

在 Java 中，使用大括号（{}）括起来的代码称为代码块。

（1）静态代码块是在类中使用 static 关键字和 {} 声明的代码块。静态代码块用于初始化类，为类的属性初始化。静态代码块不能存在任何的方法体中。静态代码块在类被加载时就运行了，而且只运行一次，且优先于各种代码块和构造函数。如果一个类中有多个静态代码块，会按照书写顺序依次执行。

（2）构造代码块是在类中使用 {} 声明的代码块（与静态代码块的区别是少了 static 关键字）。构造代码块在创建对象时被调用，每次创建对象都会调用一次，但是优先于构造方法执行。

（3）普通代码块称为局部代码块，是在方法或语句中定义的，用于控制变量的生命周期，提高内存利用率，执行时按书写顺序执行即可。

【实践题目】代码块的应用。

```java
//TestCodeBlock.java
class CodeBlock {
    //静态代码块
    static{
        System.out.println("静态代码块");
    }
    //构造代码块
    {
        System.out.println("构造代码块");
    }
    //构造方法
    public CodeBlock(){
        System.out.println("无参构造方法");
    }
    public CodeBlock(String str){
        System.out.println(str+"有参构造方法");
    }
    //普通方法
```

```
        public void show(){
            //普通代码块
            {
                int a=1;
                System.out.println("普通代码块变量a="+a);
            }
            int a=2;
            System.out.println("方法内的变量a="+a);
        }
    }
    public class TestCodeBlock {
        public static void main(String[] args) {
            CodeBlock cb=new CodeBlock();
            cb.show();
            CodeBlock cb1=new CodeBlock("hello!");
            cb1.show();
        }
    }
```

程序运行结果：

```
静态代码块
构造代码块
无参构造方法
普通代码块变量a=1
方法内的变量a=2
构造代码块
hello!有参构造方法
普通代码块变量a=1
方法内的变量a=2
```

通过该实例可以看到各代码块的执行顺序为：静态代码块→构造代码块→构造方法→普通代码块。而且静态代码块只运行一次，且优先于各种代码块和构造方法；构造代码块在每次创建对象时都会调用一次，优先于构造方法执行。

实践 6：this 的用法

this 的作用是让类中的一个实例方法访问该类里的另一个实例方法或实例变量。

【实践题目】分析以下几个程序，体会 this 的用法。

1. 程序一。

```
//TestVar5.java
class Variable5{
    int var;
    void show1(){
        int var=10;
        System.out.println(var);          //输出局部变量var的值
        System.out.println(this.var);      //输出成员变量var的值
    }
}
public class TestVar5{
    public static void main(String[] args) {
        Variable5 v=new Variable5();
```

```
      v.show1();
    }
}
```

程序运行结果：

```
10
0
```

上面的程序中，当成员变量和局部变量同名时，局部变量具有更高的优先级，成员变量被隐藏，此时如果想在局部变量的作用范围内引用该类的成员变量则必须使用 this。

2. 程序二。

```
//TestThis.java
class UseThis{
    int var;
    UseThis(int var){
        this.var=var;
    }
    void show1(){
        int var=10;
        System.out.println(var);
    }
    void show2(){
        System.out.print("show1方法中var的值：");
        this.show1();    //调用show1方法
        System.out.print("成员变量var的值：");
        System.out.println(var);
    }
}
public class TestThis{
    public static void main(String[] args) {
        UseThis v=new UseThis(8);
        v.show2();
    }
}
```

程序运行结果：

```
show1方法中var的值：10
成员变量var的值：8
```

通过该实例应该明确 this 代表当前对象，当在一个实例方法中访问当前类的其他实例方法时表现为同一个对象两个方法之间的调用，此时可以省略 this。

实践 7：变量和方法

在类方法中可以直接引用类变量和调用类方法，但不能直接引用实例变量和实例方法；如果希望在静态方法中调用实例变量，可以创建类的对象，然后通过对象来访问实例变量；在实例方法中，可以直接访问同类的非静态变量和静态变量；在静态方法中不能使用 this 关键字。

【实践题目 1】根据题意填空。

1. 下面是一个类的定义，请将其补充完整。

```
class _____ {
    String  name;
    int  age;
    Student(_____ name, int  age) {
        _____=name;
        _____=age;
    }
}
```

2．下面是一个类的定义，请将其补充完整。

```
class _____ {// 定义名为myclass的类
    _____ int var=666;
    static int getvar() {
        return  var;
    }
}
```

3．下面的程序实现的功能是通过调用 max() 方法求给定 3 个数中的最大值，请将其补充完整。

```
public class TestMax{
    public static void main( String args[] ) {
        int i1=1234,i2=456,i3=-987;
        int maxValue;
        maxValue=_____;
        System.out.println("3个数中的最大值:"+maxValue);
    }
    public _____ int max(int x,int y,int z){
        int temp1,max_value;
        temp1=x>y?x:y;
        max_value=temp1>z?temp1:z;
        return max_value;
    }
}
```

填空答案：

1．Student　String　this.name　this.age　　2．MyClass　static

3．max(i1,i2,i3)　static

【实践题目 2】如果一个数的个位数、十位数和百位数的立方和等于该数本身，则称该数为水仙花数，编写用来判断一个三位数是否是水仙花数的方法。

程序解析：根据水仙花数的概念，定义一个方法 isDaffNum 将三位数的个位数、十位数和百位数分别进行表示，然后求和判断其是否等于该数本身即可。

参考程序：

```
//Daffodils.java
import java.util.Scanner;
public class Daffodils {
    public static void isDaffNum(int n){
        int i,j,k;
        i=n/100;
        j=n/10%10;
        k=n%10;
        if(n==i*i*i+j*j*j+k*k*k)
            System.out.println(n+"是一个水仙花数");
```

```
        else
            System.out.println(n+"不是一个水仙花数");
    }
    public static void main(String[] args) {
        System.out.println("请输入一个三位数的整数:");
        Scanner sc=new Scanner(System.in);
        isDaffNum(sc.nextInt());    //在类方法main中直接调用该类的类方法isDaffNum
        sc.close();
    }
}
```

【实践题目 3】编写一个方法，计算并输出以下数列的和：

$$1-\frac{1}{2}+\frac{1}{3}-\frac{1}{4}+\frac{1}{5}-\frac{1}{6}+...+(-1)^{n-1}\frac{1}{n}$$

程序解析：这是一个数列求和问题，分析数列中各项的变化规律，即数列各项的符号交替变化，各项分母依次递增。

参考程序：

```
//Series.java
import java.util.Scanner;
public class Series{
    public double calculate(int n){
        int sign=-1;    //sign控制符号的变化
        double denom,mark,sum=1;
        for(int i=2;i<=n;i++){
            denom=i;            //denom代表每次加1，分母的变化
            mark=sign/denom;    //mark控制分数的变化
            sum+=mark;
            sign=-sign;
        }
        return sum;
    }
    public static void main(String[] args) {
        double d;
        Series sr=new Series();
        System.out.println("请输入一个正整数n:");
        Scanner sc=new Scanner(System.in);
        //在类方法main中不能直接调用实例方法calculate，需要创建Series类的对象访问
        d=sr.calculate(sc.nextInt());
        System.out.println("计算结果为:"+d);
        sc.close()
    }
}
```

实践 8：类的封装

在程序中为了避免命名的冲突，更方便地进行类的组织和管理，可以创建包。

对类的成员施以一定的访问权限来实现类中成员的信息隐藏，通过对外提供必要的方法进行数据的访问，以限制对成员变量的不正当存取。

【实践题目 1】编写一个程序，求一元二次方程 $ax^2+bx+c=0$ 的实根，系数 a、b、c 从键盘输入。

程序解析：前面的程序都被直接存放在了同一个文件夹下，容易造成混乱，本实例通过包的创建进行类的管理。

在 Eclipse 中创建项目，在该项目下创建包，注意包名需要符合标识符的命名规则，均为小写字母且由一个或多个有意义的单词连结而成，单词之间使用"."进行间隔（例如 com.hb），此时会在程序的首行生成"package 包名 ;"的格式。

同一个包中的类可以自由访问，但是如果希望访问位于不同包中的类时，Java 需要使用 import 关键字导入指定包中的某个类或全部类。import 语句应该出现在 package 语句之后、类定义之前。本程序中，系数 a、b、c 从键盘通过 Scanner 类接收输入，Scanner 类在 java.util 包中，需要用 import 关键字导入。

参考程序：

```java
//TestRoot.java
package com.hb;              //创建包
import java.util.Scanner;    //导入不同包中的Scanner类
class Root{
    private float a;
    private float b;
    private float c;
    public float getA() {
        return a;
    }
    public void setA(float a) {
        this.a = a;
    }
    public float getB() {
        return b;
    }
    public void setB(float b) {
        this.b = b;
    }
    public float getC() {
        return c;
    }
    public void setC(float c) {
        this.c = c;
    }
    public void calcuRoot(){
        float d=b*b-4*a*c;
        if(d>0){
            System.out.print("此时方程有两个不等实根：");
            System.out.print("x1="+(-b+Math.sqrt(d))/(2*a));
            System.out.print(",x2="+(-b-Math.sqrt(d))/(2*a));
        }
        else if(d==0){
            System.out.print("此时方程有两个相等实根：");
            System.out.print("x1=x2="+(-b)/(2*a));
        }
```

```
        else{
            System.out.print("此时方程无实根！");
        }
    }
}
public class TestRoot{
    public static void main(String[] args) {
        Root rt=new Root();
        System.out.println("请输入一元二次方程的系数a、b、c");
        Scanner sc=new Scanner(System.in);
        System.out.println("请输入a的值（注意a不能为0）：");
        rt.setA(sc.nextInt());
        System.out.println("请输入b的值：");
        rt.setB(sc.nextInt());
        System.out.println("请输入c的值：");
        rt.setC(sc.nextInt());
        rt.calcuRoot();
        sc.close();
    }
}
```

该实例对数据成员进行了私有化，外部类只能通过该类对外提供的方法对其进行访问，具有良好的封装性。该类对外提供了 setter 和 getter 方法完成数据的设置和获取。

【实践题目 2】已知圆的半径，求圆的面积和周长。

参考程序：

```
//TestCircle.java
package com.hb;
class Circle1{
    private float radius;
    final static float PI=3.14f;
    Circle1(){
    }
    Circle1(float radius){
        this.radius=radius;
    }
    public float getRadius() {
        return radius;
    }
    public void setRadius(float radius) {
        this.radius = radius;
    }
    //求圆的周长
    public float girth(){
        return 2*PI*radius;
    }
    //求圆的面积
    public float area(){
        return PI * radius * radius;
    }
}
//定义圆类的测试类TestCircle
public class TestCircle{
```

```
public static void main(String args[ ]){
    Circle1 c1 = new Circle1();
    c1.setRadius(21.1f);
    //输出圆c1的信息
    System.out.println("\n第1个圆的半径 = " + c1.getRadius() + ", 面积 = " + c1.area()+ ",
    周长 = " + c1.girth());
    //产生一个圆c2对象，调用有参数的构造方法
    Circle1 c2 = new Circle1(12.24f);
    //输出圆c2的信息
    System.out.println("第2个圆的半径 = " + c2.getRadius() +", 面积 = " + c2.area()+ ",
    周长 = " + c2.girth());
    }
}
```

程序运行结果：

```
第1个圆的半径 = 21.1，面积 = 1397.9596，周长 = 132.50801
第2个圆的半径 = 12.24，面积 = 470.42728，周长 = 76.8672
```

该实例的 PI 使用 final 和 static 修饰，类似于一个全局常量，值唯一且被所有实例共享。

【实践题目 3】体会单例设计模式。

单例设计模式的核心结构中只包含一个被称为单例的特殊类，它可以保证一个类只有唯一的一个实例。下面提供了几种实现方式。

（1）立即加载 / "饿汉模式"。

立即加载就是使用类的时候已经将对象创建完毕，又称为"饿汉模式"，常见的实现办法就是直接 new 实例化。

参考程序：

```
public class Singleton {
    //将自身实例化对象设置为一个属性，并用static、final修饰
    private static final Singleton instance = new Singleton();
    //构造方法私有化
    private Singleton() {}
    //静态方法返回该实例
    public static Singleton getInstance() {
        return instance;
    }
}
```

"饿汉模式"实现起来很简单，没有多线程同步问题。当类 Singleton 被加载时会初始化 static 的 instance，静态变量被创建并分配内存空间，这个 static 的 instance 对象会一直占用这段内存，只有当类被卸载时，静态变量被摧毁，才会释放所占有的内存，因此在某些特定条件下此种模式会耗费内存。

（2）延迟加载 / "懒汉模式"。

延迟加载就是调用 getInstance 方法时实例才被创建，又称为"懒汉模式"，常见的实现方法就是在 getInstance() 中进行 new 实例化。

参考程序：

```
public class Singleton {
    private static Singleton instance;
    private Singleton() {}
    public static Singleton getInstance() {
```

```
            if(instance == null) {
                instance = new Singleton();
            }
            return instance;
        }
    }
```

"懒汉模式"实现起来也比较简单，当类 Singleton 被加载时 static 的 instance 未被创建并分配内存空间，只有 getInstance 方法第一次被调用时才会为 instance 变量分配内存并完成初始化，因此在某些特定条件下会节约内存。但是这种实现方式在多线程环境中不能保证单例的状态。

（3）线程安全的"懒汉模式"。

```
public class Singleton {
    private static Singleton instance;
    private Singleton() {}
    public static synchronized Singleton getInstance() {    //synchronized关键字实现同步
        if(instance == null) {
            instance = new Singleton();
        }
        return instance;
    }
}
```

这种方式虽然保证了单例的唯一性，但在多线程环境下，synchronized 执行效率很低，下一个线程必须等待上一个线程释放锁之后才能获得对象继续运行。

（4）DCL 双检查锁机制（double checked locking，DCL）。

```
public class Singleton {
    private static volatile Singleton instance;
    private Singleton() {}
    public static Singleton getInstance() {
        //第一次检查instance是否被实例化，如果没有则进入if块
        if(instance == null) {
            synchronized (Singleton.class) {
                //某个线程取得类锁，第二次检查instance是否已被实例化，如果没有则创建实例
                if (instance == null) {
                    instance = new Singleton();
                }
            }
        }
        return instance;
    }
}
```

这种方式保证了线程安全，不必每次都同步加锁，通过使用 volatile 关键字声明 instance 禁止指令重排，保证了线程操作的原子性，可以提高执行效率。

（5）使用内部类。

```
public class Singleton{
    private Singleton(){}
    //静态的成员内部类，实现了延迟加载
    private static class SingletonHolder{
        private static Singleton instance = new Singleton();
```

```
    }
    public static Singleton getInstance(){
        return SingletonHolder.instance;
    }
}
```

这种单例设计模式综合利用了内部类的加载机制和多线程默认同步锁机制，实现了延迟加载和线程安全。

（6）使用枚举。

```
public enum Singleton {
    //定义一个枚举元素，代表了Singleton的一个实例
    instance;
    public void SingletonOperation(){
        System.out.println(Singleton.instance.hashCode());
    }
}
```

其中，定义的唯一的 instance 是 Singleton 的一个实例，保证了单例状态，同时创建枚举的过程是线程安全的，而且枚举自身已经处理了序列化的问题，解决了因为反序列化和反射产生多个实例的问题，是目前最佳的单例设计模式。

第 4 章 Java 实用类库

实践导读

在 Java 中，有很多比较实用的类库，它们通常都定义了一系列具有常见功能的方法。本章重点介绍了数组、字符串、包装类和其他几个实用类。

本章的主要知识点如下：

- 一维数组的创建和操作方法。
- 创建 String 类型的字符串。
- 通过字符串的各种方法实现字符串的操作。
- 通过 StringBuffer 类创建和操作字符串。
- 基本数值类型的 6 种包装类、布尔类型的包装类、字符类型的包装类。
- Math 类和其他类。
- java.lang 包中的类在程序中会被自动导入，不需要使用 import 语句导入。如果使用 lang 包之外的类，则需要使用 import 语句导入。

实践目的

- 掌握一维数组的创建和操作方法。
- 掌握 String 类型字符串的创建和常用的操作方法。
- 掌握 StringBuffer 类创建和操作字符串。
- 掌握包装类与对应的简单类型的转换。
- 了解 Math 类和其他各类的使用。

实践 1：创建和使用一维数组

通过实践，学习一维数组的创建、数组元素的赋值和引用，以及 Math 类的使用。

【实践题目 1】设计程序随机生成一个 20 选 5 的随机号码，并且要求同一随机号码不能重复出现。

程序解析：分析题目要求，生成 1 ～ 20 间的随机数，使用一维数组保存并输出生成的 5 个随机数。

参考程序：

```
//Lottery.java
public class Lottery{
    public static void main(String args[]){
        int[] lottery=new int[5];    //创建一个长度为5的整型数组
```

```
        for(int i=0;i<lottery.length;i++){      //该循环用来产生5个号码
            lottery[i]=1+(int)(Math.random()*20);     //产生一个1~20间的随机整数
            int j=0;
            while(j<i){//该循环用于避免重复号码的出现
                if(lottery[i]==lottery[j]){//判断是否有重复号码出现
                    lottery[i]=1+(int)(Math.random()*20);
                    j=0;
                }else
                j++;
            }
            System.out.print(lottery[i]+"\t");
        }
        System.out.println();
    }
}
```

程序运行结果：

```
11   9   16   3   5
```

通过本次实践应该了解和掌握以下几点：

（1）创建一维数组的方法。

（2）数组元素赋值的方法。

（3）数组的 length 属性返回数组的元素个数，本程序中 lottery.length 也可以换成 5。

（4）数组元素通过"数组名 [下标]"引用，其中下标从 0 开始。

（5）Math 类是 java.lang 包中的类，Math.random() 方法可以产生一个小于 1 的小数，可以通过乘上一个正整数的方法来扩大随机数的范围。

（6）(int) 是强制转换成整数的方式。

【实践题目 2】编程实现对一个整型数组的降序排列。

程序解析：分析题目要求，可以先使用 Arrays 类的 sort() 方法对数组进行升序排列，然后对升序排列后的数组进行倒置。

参考程序：

```
//TestReverse.java
import java.util.*;
public class TestReverse{
    public static void main(String args[]){
        int[] data={5,6,2,8,1,9};
        System.out.println("数组原有内容：");
        ReverseSort.show(data);
        ReverseSort.reverse(data);
        System.out.println("降序排列后的数组内容：");
        ReverseSort.show(data);
    }
}

class ReverseSort{
    static void reverse(int[] array){
        Arrays.sort(array);
        int temp;
```

```
            int len=array.length;
            for(int i=0;i<len/2;i++){
                temp=array[i];
                array[i]=array[len-1-i];
                array[len-1-i]=temp;
            }
        }
        static void show(int[] array){
            for(int i:array){
                System.out.print("\t"+i);
            }
            System.out.println();
        }
    }
```

程序运行结果：

```
数组原有内容：
    5   6   2   8   1   9
降序排列后的数组内容：
    9   8   6   5   2   1
```

【实践题目 3】数组类 Arrays。

程序解析：java.util 包中，定义了一个数组类 Arrays，该类提供了一些方法用于数组中元素的排序、查找等操作，在编程时可以直接使用这些方法。

参考程序：

```
//TestArrays.java
import java.util.Arrays;        //Arrays类在java.util包中
import java.util.Scanner;
public class TestArrays {
    public static void main(String[] args) {
        int[] a = { 90, 1, 67, 78, 35, 82, 23 };
        showResult(a);
    }
    public static void showResult(int[] a) {
        System.out.println("排序前的数组内容：");
        for (int k : a) {
            System.out.print(k + "\t");
        }
        Arrays.sort(a);      //该方法用快速排序法对指定的数组a进行升序排序
        System.out.println("\n排序后的数组内容：");   //换行并输出"排序后的数组内容："
        for (int k : a) {
            System.out.print(k + "\t");
        }
        System.out.println();      //换行
        System.out.println("请输入要查找的数：");
        Scanner sc = new Scanner(System.in);
        //当扫描到下一个输入的数不是整数时退出循环
        while (sc.hasNextInt()) {
            int b = sc.nextInt();
            //在a数组中查找值为b的元素
            int c = Arrays.binarySearch(a, b);   //该方法需要先对数组排序才能进行查找
            //如果查找到了，则返回该元素的下标；如果没有找到，则返回一个负值
```

```
            if (c >= 0) {
                System.out.println("找到了，它是数组中的第" + (c + 1) + "个数。");
            }
            else {
                System.out.println("您查找的数不存在！");
            }
        }
        sc.close();
    }
}
```

程序运行结果：

排序前的数组内容：

90　1　67　78　35　82　23

排序后的数组内容：

1　23　35　67　78　82　90

请输入要查找的数：

78

找到了，它是数组中的第5个数。

18

您查找的数不存在！

n

通过本次实践应该了解和掌握以下几点：

（1）一维数组的创建和数组元素的使用。

（2）导入 lang 包之外的其他包。

（3）使用 Arrays 类的排序方法 sort() 对数组进行升序排列。

（4）反转排序数组。

实践 2：字符串类的使用

【实践题目 1】在已知字符串中查找并统计"java"（忽略大小写）单词的个数。

程序解析：分析题目要求，遍历字符串，找到"java"子串并计数。

参考程序：

```java
//SumSubstr.java
public class SumSubstr{
    public static void main(String args[]){
        String s=new String("I like java and javascript.");
        String word=new String("java");
        int sum=0;    //计数器
        int i=0;
        while(i<=s.length()-4){
            if(s.charAt(i)=='j'||s.charAt(i)=='J'){
                String subStr=s.substring(i,i+4);          //求子串
                if(subStr.equalsIgnoreCase(word)){          //字符串比较
                    sum++;
                    i=i+4;
                }
                else
                    i++;    //若不是"java"子串，i后移一个字符
            }
```

```
      else
         i++;
      }
      System.out.println("字符串中共包含java单词"+sum+"个。");
   }
}
```

程序运行结果：

字符串中共包含java单词2个。

通过本次实践应该了解和掌握以下几点：

（1）String 字符串的创建。

（2）字符串的 length() 方法返回字符串的长度，charAt() 方法返回指定位置的字符，substring() 方法返回子字符串，equalsIgnorCase() 方法判断字符串是否相同（不考虑字母大小写）。

（3）遍历字符串，查找子字符串的过程。

【实践题目2】判断一个字符串是否是对称字符串。

程序解析：本题目可以使用不同的方法来完成，一种方法是使用循环，从字符串首尾字符开始比较每一个字符是否相同；另一种方法是使用 StringBuffer 类的 reverse() 方法倒置字符串，然后比对倒置后和倒置前的字符串是否相同。下面使用第二种方法编写程序。

参考程序：

```
//Symmetrical.java
public class Symmetrical{
   public static void main(String args[]){
      String s="afdkjfdkjk";
      StringBuffer sb =new StringBuffer(s);
      String s1 = sb.reverse().toString();
      if(s.equals(s1)){
         System.out.println("字符串对称");
      }
      else{
         System.out.println("字符串不对称");
      }
   }
}
```

程序运行结果：

字符串不对称

通过本次实践应该了解和掌握以下几点：

（1）BufferString 字符串的创建。

（2）BufferString 类的 reverse() 方法倒置字符串。

（3）String 类的 equals() 方法比较字符串是否相同。

【实践题目3】已知一个字符串"this is a test of java"，将其所有的单词首字母大写并输出新字符串。

程序解析：String 类有一个 toUpperCase() 方法可以把字符串中的小写字母全部转换成大写字母，但是不符合题目要求；如果能把长字符串中的空格去除，取得每个单词，然后把每个单词中的首字母转换成大写字母，就方便一些，最后再连接成一个长字符串输出。

下面程序就是使用这样的思路编写的。

参考程序：

```
//Convert.java
public class Convert{
    public static void main(String args[]){
        String s="this is a test of java";
        System.out.println(s);
        System.out.println("大写处理后：");
        String split[]=s.split(" ");    //将字符串转换成字符串数组
        for(int i=0;i<split.length;i++){
            String s1=split[i].substring(0,1).toUpperCase()+split[i].substring(1);
            //substring(x,y)从第x个字符开始到第y个字符结束
            //substring(i)从第i个字符开始截取
            System.out.print(s1+" ");
        }
    }
}
```

程序运行结果：

```
this is a test of java
大写处理后：
This Is A Test Of Java
```

通过本次实践应该了解和掌握以下几点：

（1）String 类的 toUpperCase() 方法将字符串中的小写字母转换成大写字母。

（2）String 类的 substring() 方法用于获取字符串中的子字符串，常用形式有以下两种：substring(x,y) 表示从第 x 个字符开始到第 y（不含）个字符结束；substring(i) 表示从第 i 个字符开始截取，到字符串最后一个字符结束。

（3）字符串连接运算符 "+" 的使用。

（4）String 类的 split(String str) 方法返回将字符串按指定的分隔符分离而生成的字符串数组。

实践 3：包装类的使用

【实践题目】编写一个将十进制整数转换为其他进制整数的类。程序执行时，输入一个整数后，将其分别转换为二进制、八进制和十六进制数后输出。

程序解析：Integer 类中定义了将十进制整数转化为其他数制表示的字符串的方法。

参考程序：

```
//TestWrap.java
public class TestWrap{
    public static void main(String args[]){
        int i=Integer.parseInt(args[0]);
        System.out.println("十进制："+i+
                    "\n二进制："+Integer.toBinaryString(i)+
                    "\n八进制："+Integer.toOctalString(i)+
                    "\n十六进制："+Integer.toHexString(i));
    }
}
```

在 Eclipse 中右击当前程序，在弹出的快捷菜单中选择 Run Configurations 命令，如图 4-1 所示。

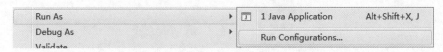

图 4-1　选择 Run Configurations 命令

在弹出的 Run Configurations 对话框中，选择 Arguments 选项卡，在 Program arguments 文本框中输入 65，如图 4-2 所示，单击 Run 按钮运行程序。

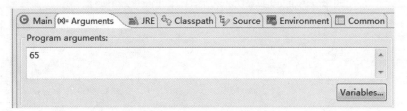

图 4-2　输入十进制数

输出结果：

```
十进制：65
二进制：1000001
八进制：101
十六进制：41
```

通过本次实践应该了解和掌握以下两点：

（1）Integer 类的 parseInt(String str) 方法可以将字符串参数 str 转换成对应的整数。

（2）Integer 类的 toBinaryString(int i)、toOctalString(int i) 和 toHexString(int i) 方法可以把整型参数 i 分别转换成二进制、八进制和十六进制数形式的字符串。

第 5 章　类的继承与多态

实践导读

　　类的继承性和多态性是面向对象程序设计的两大主要特性。通过继承可以快速地由基类派生出新的类,实现代码的复用。因为有了继承,使得类和类之间形成了一种层次关系,这种层次关系只能是单继承,即一个子类只能有一个直接父类。而多态性可以弥补派生类与基类间的单继承功能限制,提高了程序设计的抽象性和简洁性,是降低软件复杂性的有效技术。

　　通过上机实践充分认识继承性和多态性并利用其思想解决实际问题,提高程序设计的效率。

　　本章的主要知识点如下:

- 实现类的继承关系使用 extends 关键字。实现继承的类叫子类(又称派生类),被继承的类叫父类(又称基类或超类)。父类和子类是一种一般与特殊(is-a)的关系。

- Java 只允许单继承,子类是一个比父类更具体的类,它们比父类拥有更多的属性和方法,即一个类在继承父类时常常要对父类进行扩展,例如添加新的成员变量(属性)、添加新的成员方法(操作)、隐藏父类的属性、重写父类中的方法。

- 属性的隐藏是子类对从父类继承来的属性进行了重新定义,父类中的属性被隐藏。

- 方法的重写是子类中重新定义了与父类中同名的方法,又叫方法的覆盖。被覆盖的方法在子类中被访问时,将访问在子类中重新定义的方法。方法的重写需要子类中的方法和父类中的方法有完全相同的方法名、返回值类型和参数列表。覆盖方法不能比它所覆盖的父类中的方法有更严格的访问权限。如果不希望子类对从父类继承来的方法进行重写,则需要在方法名前加 final 关键字。

- 当子类隐藏了父类的属性或重写了父类的方法后,子类对象将无法直接访问父类中被重写的方法和被隐藏的属性,如果需要在子类中访问父类中被重写的方法和被隐藏的属性,可以使用 super 关键字。

- 继承使得类和类之间形成了一种层次关系。java.lang.Object 类是所有类直接或间接的父类,Object 类中定义的所有 public 方法可以被任何一个 Java 类使用。实际应用中,需要子类重写其中的一些方法,例如 toString 方法。

- 继承实现了类的高度复用,使用起来非常方便,但它也增加了子类与父类的耦合性。在类的复用中,除了可以把一个类当成基类来继承外,还可以利用组合来实现复用,即把类当成另一个类的组合成分。在具体使用时应该根据情况进行选择。如果两个类之间表达的是一种“是(is-a)”的关系,即一般与特殊的关系,那么使用继承实现;如果表达的是一种“有(has-a)”的关系,即一个类中有另一个类的成分,则使用组合技术。

- 多态是同一个行为具有多个不同表现形式或形态的能力。通过多态可以减少类中的代码量，提高代码的可扩展性和可维护性。多态分为两种类型：编译时多态和运行时多态。

- 抽象方法要用 abstract 关键字来修饰，没有方法体，只有方法的声明部分（即方法头），直接以"；"结束。包含一个或多个抽象方法的类叫做抽象类。抽象类必须被继承，抽象方法必须在子类中被重写，除非这个子类也是一个抽象类，抽象类不能用来实例化对象。

- 接口定义的是一批类所要遵守的规范，使用 interface 关键字定义一个接口。接口的继承也使用关键字 extends，与类不同的是，一个子接口可以继承多个父接口。实现接口使用 implements 关键字，一个类可以实现一个或多个接口。

- 内部类是在一个类(外部类)的内部定义的类。内部类可以在类中的任意位置定义，甚至可以在方法中定义（称为局部内部类）。匿名内部类用来创建仅需要一次使用的那些类。大部分时候，内部类都被作为成员内部类定义，成员内部类是一种与成员变量、成员方法相似的类成员，局部内部类和匿名内部类则不是类成员。

- Lambda 表达式是一种没有声明名称的匿名方法，但有参数列表、主体、返回类型，还可能有可以抛出异常的列表。它可以作为参数传递给方法或存储在变量中，能更简洁地传递代码，主要作用就是代替匿名内部类的繁琐语法。

实践目的

- 掌握类的继承机制。
- 了解继承中属性的隐藏原则。
- 掌握方法的重写规则。
- 掌握 super 关键字的使用。
- 了解类的层次关系。
- 了解组合技术实现类的复用。
- 认识类的多态。
- 学会抽象类和抽象方法的设计。
- 学会设计接口并实现接口。
- 认识并会使用内部类。
- 了解 Lambda 表达式和函数式接口。

实践 1：类的继承

通过实践，了解继承的特点，认识 extends 关键字，学会使用继承机制设计程序；进一步掌握属性的隐藏、方法的重写、final 关键字和 super 关键字的使用规则、类的层次结构，提高程序的设计效率。

【实践题目 1】一个 IT 公司开发部门的员工信息包括姓名、员工号、职位、薪水等，其中程序员的工作内容是负责编程，要求显示程序员的相关信息。

程序解析：体会利用继承机制设计程序。先创建一个具有公有属性的一般类

ITEmployee，根据一般类再创建具有特殊属性和特殊要求的新类 Programmer，新类继承
一般类的状态和行为，根据实际需要添加新的成员变量和方法。

参考程序：

```
//TestPro.java
class ITEmployee{
  protected String name;
  protected int id;              //工号
  protected String title;        //岗位
  protected float salaries;      //薪酬
  public String getMessage(){
    return "姓名\t员工号\t岗位\t薪酬\t";
  }
}
class Programmer extends ITEmployee{
  //子类的构造方法，属性继承自父类ITEmployee
  public Programmer(String name,int id,String title,float salaries){
    this.name=name;
    this.id=id;
    this.title=title;
    this.salaries=salaries;
  }
  //子类中新添加的方法，按规定格式输出属性值
  public String showInfo(){
    return name+"\t"+id+"\t"+title+"\t"+salaries+"\t";
  }
  //子类中新添加的方法，输出工作内容
  public void work(){
    System.out.println("负责编程");
  }
}
public class TestPro{
  public static void main(String[] args) {
    Programmer pg=new Programmer("张强",100001,"程序员",5600);
    System.out.println(pg.getMessage()+"工作内容");      //调用从父类继承来的方法
    System.out.print(pg.showInfo());        //调用自身新添加的方法
    pg.work();
  }
}
```

程序运行结果：

姓名	员工号	职位	薪酬	工作内容
张强	100001	程序员	5600.0	负责编程

【实践题目 2】改写实践题目 1，将岗位由程序员改为项目经理，项目经理除了上述属
性外，还要负责项目管理工作，且有额外的奖金，编程显示项目经理的相关信息。

程序解析：根据实际的需要，在子类中新增方法和属性，通过方法的重写将父类中的
方法改造为适合子类使用的方法。

参考程序：

```
//TestMan.java
class ITEmployee{
  protected String name;
```

```
        protected int id;
        protected String title;
        protected float salaries;
        public String getMessage(){
            return "姓名\t员工号\t岗位\t薪酬\t";
        }
    }
class Manager extends ITEmployee{
    private float bonus;
    public Manager(String name,int id,String title,float salaries,float bonus){
        this.name=name;
        this.id=id;
        this.title=title;
        this.salaries=salaries;
        this.bonus=bonus;
    }
    //重写父类的getMessage方法
    public String getMessage(){
        return "姓名\t员工号\t岗位\t薪酬\t奖金\t";
    }
    public String showInfo(){
        return name+"\t"+id+"\t"+title+"\t"+salaries+"\t"+bonus+"\t";
    }
    public void work(){
        System.out.println("负责项目的管理");
    }
}
public class TestMan{
    public static void main(String[] args) {
        Manager mg=new Manager("王明",10002,"项目经理",6000,1200);
        System.out.println(mg.getMessage()+"工作内容");
        System.out.print(mg.showInfo());
        mg.work();
    }
}
```

程序运行结果：

姓名	员工号	岗位	薪酬	奖金	工作内容
王明	10002	项目经理	6000.0	1200.0	负责项目的管理

【实践题目3】综合以上两个实践题目，输出程序员和项目经理的相关信息，掌握并
理解 super 关键字。

程序解析：利用 super 关键字调用父类的构造方法，实现代码的再利用。

参考程序：

```
//TestInher.java
class ITEmployee{
    protected String name;
    protected int id;
    protected String title;
    protected float salaries;
    public ITEmployee(String name,int id,String title,float salaries){
        this.name=name;
```

```
            this.id=id;
            this.title=title;
            this.salaries=salaries;
        }
        public String getMessage(){
            return "姓名\t员工号\t岗位\t薪酬\t";
        }
    }
class Programmer extends ITEmployee{
    public Programmer(String name,int id,String title,float salaries){
        super(name,id,title,salaries);
    }
    public String showInfo(){
        return name+"\t"+id+"\t"+title+"\t"+salaries+"\t";
    }
    public void work(){
        System.out.println("负责编程");
    }
}
class Manager extends ITEmployee{
    private float bonus;
    public Manager(String name,int id,String title,float salaries,float bonus){
        super(name,id,title,salaries);
        this.bonus=bonus;
    }
    public String showInfo(){
        return name+"\t"+id+"\t"+title+"\t"+salaries+"\t"+bonus+"\t";
    }
    public void work(){
        System.out.println("负责项目的管理");
    }
}
public class TestInher{
    public static void main(String[] args) {
        Programmer pg=new Programmer("张强",10001,"程序员",5600);
        System.out.println(pg.getMessage()+"奖金\t工作内容");
        System.out.print(pg.showInfo()+"0.0\t");
        pg.work();
        Manager mg=new Manager("王明",10002,"项目经理",6000,1200);
        System.out.print(mg.showInfo());
        mg.work();
    }
}
```

程序运行结果：

姓名	员工号	岗位	薪酬	奖金	工作内容
张强	10001	程序员	5600.0	0.0	负责编程
王明	10002	项目经理	6000.0	1200.0	负责项目的管理

通过本次实践应该了解和掌握以下几点：

（1）子类通过继承可以拥有父类的某些属性和方法，但是如果子类继承来的父类的方法不能满足子类特有的需求时，就需要重写父类的方法。方法的重写需要子类中的方法头和父类中的方法头完全相同，即父类与子类应有完全相同的方法名、返回值类型和参数列表。

（2）对于父类中的一些关键方法如果不希望被子类重写，则需要在其方法名前加上 final 关键字，用来增加代码的安全性。

（3）当子类重写了父类的方法后，子类对象只能通过关键字 super 来对父类中被重写了的方法进行访问。

【实践题目 4】分析程序，以正确的格式写出运行结果。

程序解析：this 和 super 关键字的综合运用。

参考程序：

```java
//Test.java
class FatherClass{
    protected String s="父类中的属性s";
    public void output(){
        System.out.println(s);
    }
}
class SonClass extends FatherClass{
    private String s="子类中的属性s";
    public void output(String s){
        System.out.println(s);        //就近原则，此处输出参数s的值
        System.out.println(this.s);   //使用this访问SonClass的成员变量s
        System.out.println(super.s);  //使用super访问FatherClass的成员变量s
        super.output();
    }
}
public class Test{
    public static void main(String[] args){
        FatherClass fa=new FatherClass();
        fa.output();
        SonClass son=new SonClass();
        son.output("方法参数s");
    }
}
```

程序运行结果：

```
父类中的属性s
方法参数s
子类中的属性s
父类中的属性s
父类中的属性s
```

通过本次实践应该了解和掌握以下几点：

（1）子类 SonClass 中重新定义了父类 FatherClass 中的同名成员变量（属性）s，这是属性的隐藏。重新定义的属性的数据类型以及修饰符可以与父类中的相同，也可以不同。

（2）super 或 this 是相对于某个对象而言的，所以不能在 static 修饰的方法中使用 this 或 super。

（3）使用 super 调用父类的构造方法时必须放在方法体的首行，而使用它调用非构造方法时是否放在首行根据需要来定。

（4）output 方法以不同的参数形式分别出现在父类 FatherClass 和子类 SonClass 中，

这就是方法的重载。

【实践题目 5】了解类的层次结构。在 Java 语言中，所有类都直接或间接地继承了 Object 类，因此，Object 类中定义的 public 方法可以被任何一个 Java 类使用，也就是说，任何一个 Java 对象都可以调用这些方法。

1．toString() 方法。

```
//TestToString1.java
class Person { //Person类默认继承了Object类
    private String name = "张强";
    private int age = 22 ;
}
public class TestToString1{
    public static void main(String[] args) {
        Person p = new Person();
        System.out.println(p);      //等价于System.out.println(p.toString());
        System.out.println(p.toString());
    }
}
```

程序运行结果：

```
Person@7852e922
Person@7852e922
```

上面代码输出的结果为两个 Person@7852e922，其中调用含有对象参数的 System.out.println 方法（即输出的量为对象名称），则系统会自动调用 toString 方法打印出相应的信息。但上述代码这样的输出结果意义不大。

改写上面的程序，重写 toString 方法，输出有意义的结果。

```
//TestToString2.java
class Person {
    private String name = "张强";
    private int age = 22 ;
    //重写Object类中的toString()方法
    public String toString() {
        return "我是"+this.name+"，今年"+this.age+"岁";
    }
}
public class TestToString2{
    public static void main(String[] args) {
        Person p = new Person() ;
        System.out.println(p);
    }
}
```

程序运行结果：

```
我是张强，今年22岁
```

2．equals()：Object 类中的 equals 方法等价于 ==，比较的是地址。而我们常用的 String 字符串类中，equals 方法用来比较两个字符串是否相同，是因为它重写了 Object 类的 toString 方法，所以在字符串中 equals 是用来比较内容的，== 是用来比较地址的。注意，如果是基本类型比较，只能用 == 比较，不能用 equals。

```java
//TestObj.java
class Obj{
    private int x = 12;
    public int getX() {
        return x;
    }
    public void setX(int x) {
        this.x = x;
    }
}
public class TestObj{
    public static void main(String[] args){
        int a=10,b=10;
        Obj oa = new Obj();
        Obj ob = new Obj();
        Obj oc = ob;
        oa.setX(6);
        ob.setX(6);
        System.out.println(oa.equals(ob));    //比较地址，输出false
        System.out.println(ob.equals(oc));    //true
        ob.setX(8);
        System.out.println(ob.getX());        //8
        System.out.println(oc.getX());        //8
        System.out.println(a==b);             //true
    }
}
```

3. 继承的传递性。父类可以把一些特性传递给子类，子类又可以把这些特性再传递它的子类（即子类的子类），依此类推。因此，子类继承的特性可能来源于它的父类，也可能来源于它的祖先类。

参考程序：

```java
//C.java
class A{
    protected int a1= 1;
    protected String s1 = "房产";
    protected int a2 = 2;
}
class B extends A{ //B类继承了A类
    protected int b1 = 11;
    protected String s2 = "车辆";
    protected int b2 = 22;
}
public class C extends B{ //C类继承了B类
    private int c = 111;
    public void showC(){
        System.out.println("class A a1=" + a1);    //输出：class A a1=1
        System.out.println("class A s1=" + s1);    //输出：class A s1=房产
        System.out.println("class A a2=" + a2);    //输出：class A a2=2
        System.out.println("class B b1=" + b1);    //输出：class B b1=11
        System.out.println("class B s2=" + s2);    //输出：class B s2=车辆
        System.out.println("class B b2=" + b2);    //输出：class B b2=22
        System.out.println("class C c=" + c);      //输出：class C c=111
    }
```

```
        public static void main(String[] args){
            C objC = new C();
            objC.showC();
        }
    }
```

【实践题目 6】练习使用组合技术。学生有姓名（name）、学号（sno）和成绩（score）信息，成绩有课程（course）和分数（grade）信息。学生类的 getResult 方法返回成绩信息，setData 方法实现初始化学生信息。编写学生类（Student）和成绩类（Score），并测试。

程序解析：根据题意需要定义两个类，分别为学生类（Student）和成绩类（Score），学生类应包含成绩信息，即把成绩类作为学生类的一个组合成分来使用，既可以达到两个类都具有良好的封装性，又可以达到在学生类中直接复用成绩类中方法的目的。

参考程序：

```java
//TestCompose.java
class Score{
    private String course;
    private float grade;
    public void setCourse(String course) {
        this.course = course;
    }
    public String getCourse() {
        return course;
    }
    public void setGrade(float grade) {
        this.grade = grade;
    }
    public float getGrade() {
        return grade;
    }
}
class Student{
    private String name;
    private String sno;
    private Score score;
    public void setData(String name,String sno,Score score){
        this.name=name;
        this.sno=sno;
        this.score=score;
    }
    public void getRusult(){
        System.out.println("学生姓名："+name);
        System.out.println("学号："+sno);
        System.out.print("课程："+score.getCourse());
        System.out.println("，成绩为："+score.getGrade());
    }
}
public class TestCompose{
    public static void main(String[] args) {
        Score sc=new Score();
        sc.setCourse("Java");
        sc.setGrade(98.6f);
        Student st=new Student();
```

```
        st.setData("张三","20190001",sc);
        st.getRusult();
    }
}
```

程序运行结果：

学生姓名：张三
学号：20190001
课程：Java，成绩为：98.6

利用继承机制可以实现类的高度复用，减少了代码量，但会使得父类的实现细节完全暴露给子类，有可能会造成子类对父类数据和方法的恶意篡改。利用组合也可以实现代码的复用，如上例中把成绩类作为学生类的一个组合成分来使用，使得两个类都具有良好的封装性，提倡使用这种方式实现代码的复用。

实践 2：类的多态

继承是多态的基础，没有继承就没有多态。多态是同一个行为具有多个不同的表现形式或形态的能力。多态可以减少类中的代码量，提高代码的可扩展性和可维护性。通过实践，进一步加强对多态性的理解和认识，并能够应用于实际。

【实践题目 1】抽象类实例。

某一 IT 公司技术部门主要由项目经理（Manager）、开发人员（Programmer）和测试人员（Tester）组成。其中,开发和测试人员包括姓名、工号、薪水及其对应的工作内容信息，项目经理除上述信息之外还多一项奖金信息。测试并输出相关人员的职位、薪水等信息。

程序解析：根据题意，项目经理、开发人员和测试人员都属于技术部门的员工，因此可以将他们的共同特征抽象出来定义到一个抽象类 Employee 中，再定义 3 个具体类：Manager、Programmer、Tester，再在抽象类 Employee 的基础上进行扩展和改造，这样既可以避免子类设计的随意性，又可以更好地发挥多态的优势，使得程序更加灵活和简练。

参考程序：

```
//员工类
abstract class Employee{
    private String name;           //姓名
    private String id;             //工号
    private float salary;          //薪水
    Employee (String name,String id,float salary){
        this.name = name;
        this.id = id;
        this.salary = salary;
    }
    //没有具体到哪类员工，工作内容不确定，因此定义抽象方法 work
    public abstract void work();
    public String toString(){
        return name+"\t"+id+"\t"+salary+"\t";
    }
}
//开发人员类
class Programmer extends Employee{
    Programmer(String name,String id,float salary){
```

```
        super(name,id,salary);
    }
    //实现 work 方法，给出具体的工作内容
    public void work(){
        System.out.println("负责编程");
    }
}
//测试人员类
class Tester extends Employee{
    Tester(String name,String id,float salary){
        super(name,id,salary);
    }
    public void work(){
        System.out.println("负责测试");
    }
}
//项目经理类
class Manager extends Employee{
    private float bouns;       //奖金
    Manager(String name,String id,float salary){
        super(name,id,salary);
    }
    public void work(){
        System.out.print("负责项目的管理\t");
    }
    public void setBouns(float bouns) {
        this.bouns=bouns;
    }
    public float getBouns(){
        return bouns;
    }
}
//主类 TestEmployee.java
public class TestEmployee{
    public static void main (String[] arg){
        System.out.println("姓名\t工号\t薪水\t工作内容\t\t奖金");
        Programmer pro = new Programmer("张三 ","01010",8500);
        System.out.print(pro);
        pro.work();
        Tester ter=new Tester("李四","01011",8000);
        System.out.print(ter);
        ter.work();
        Manager mng = new Manager("王五","01012",10000);
        mng.setBouns(2000);
        System.out.print(mng);
        mng.work();
        System.out.println(mng.getBouns());
    }
}
```

程序运行结果：

姓名	工号	薪水	工作内容	奖金
张三	01010	8500.0	负责编程	

李四　　01011　8000.0　　负责测试
王五　　01012　10000.0　　负责项目的管理　　2000.0

【实践题目 2】抽象类、接口综合实例。模拟动物园里饲养员给各种动物喂养不同食物的过程。当饲养员给动物喂食时，动物一边发出欢快的叫声一边吃着食物。

程序解析：多个不相干的类如果存在相同的属性和类似功能的方法，就可以将这些属性和方法单独组织起来定义成一个单独的程序模块，这个模块就是接口。接口不关心这些类的内部数据，也不关心这些类里面方法的实现细节，它只规定这些类里必须提供某些方法。

根据题意，定义一个抽象类 Animal，Cat、Dog 和 Fish 是实现它的具体子类。如果将 Food 定义成一个类，其中 Fish 和 Bone 是食物，与 Food 是 is-a 的关系，但是鱼既是 Animal 又是 Food，不可能既继承 Animal 类又继承 Food 类，所以此处可以将 Food 定义成接口。

参考程序：

```java
//TestInterFace.java
interface Food {
    String getFName();
}
abstract class Animal {
    private String name;
    public Animal(String name) {
        this.name = name;
    }
    public String getName() {
        return name;
    }
    public abstract void shout();
    public abstract void eat(Food food);
}
class Cat extends Animal{
    public Cat(String name) {
        super(name);
    }
    public void shout() {
        System.out.println("喵喵喵……");
    }
    public void eat(Food food) {
        System.out.println(getName() + "正在兴高采烈地吃着" + food.getFName());
    }
}
class Dog extends Animal {
    public Dog(String name) {
        super(name);
    }
    public void shout() {
        System.out.println("汪汪汪……");
    }
    public void eat(Food food) {
        System.out.println(getName() + "正在美滋滋地啃着" + food.getFName());
    }
}
```

```
    }
class Fish extends Animal implements Food{
    public Fish(String name) {
        super(name);
    }
    public void shout() {}
    public void eat(Food food) {}
    public String getFName() {
        return super.getName();
    }
}
class Bone implements Food{
    public String getFName() {
        return "骨头";
    }
}
class Feeder {
    private String name;
    public Feeder(String name) {
        this.name = name;
    }
    public void speak() {
        System.out.println("欢迎来到动物园！");
        System.out.println("我是饲养员"+name);
    }
    public void feed(Animal a, Food food) {
        a.eat(food);
    }
}
public class TestInterFace{
    public static void main(String[] args) {
        Feeder feeder = new Feeder("李明");
        feeder.speak();
        Dog dog = new Dog("小狗");
        dog.shout();
        Food food = new Bone();
        feeder.feed(dog, food);
        Cat cat = new Cat("小猫");
        cat.shout();
        food = new Fish("黄花鱼");
        feeder.feed(cat, food);
    }
}
```

程序运行结果：

```
欢迎来到动物园！
我是饲养员李明
汪汪汪 .....
小狗正在美滋滋地啃着骨头
喵喵喵 .....
小猫正在兴高采烈地吃着黄花鱼
```

实践 3：内部类

Java 中，在一个类的内部定义的另一个类称为内部类，有时也称为嵌套类。

内部类和它所在的外部类之间存在着逻辑上的从属关系，它允许把一些逻辑相关的类组织在一起，并只在外部类内有效。

无论外部类是否已经继承了某个类或实现了某个接口，内部类丝毫不受影响，仍能独立地继承自某个类或某个接口。因此，内部类使得多重继承的解决方案更完善。

【实践题目 1】实例化内部类。

```java
//TestExample1.java
class Outer {
  private int a = 100;
  class Inner {
    private int a=50;
    public void print() {
      int a = 30;
      System.out.println(a);
      System.out.println(this.a);
      System.out.println(Outer.this.a);
    }
  }
  public Inner getInner() {
    return new Inner();
  }
}
public class TestExample1 {
  public static void main(String[] args) {
    Outer outer = new Outer();
    Outer.Inner inner1 = outer.getInner();        //实例化内部类方法 1
    inner1.print();
    System.out.println("......");
    Outer.Inner inner2 = outer.new Inner();        //实例化内部类方法 2
    inner2.print();
  }
}
```

程序运行结果：

```
30
50
100
......
30
50
100
```

【实践题目 2】内部类实现接口，可以隐藏接口的具体实现细节。

```java
//TestExample2.java
interface Flyable{
  void fly();
```

```
    }
class Animal{
    class Swan implements Flyable{
        public void fly() {
            System.out.println("Swan can fly.");
        }
    }
    Swan getSwan(){
        return new Swan();
    }
}
public class TestExample2{
    public static void main(String[] args)　{
        Animal a=new Animal();
        Animal.Swan swan=a.getSwan();
        swan.fly();
    }
}
```

程序运行结果：

Swan can fly.

【实践题目 3】用内部类解决类的多继承问题。

```
//TestExample3.java
class A{
    public void show1(){
        System.out.println("A");
    }
}
abstract class B{
    abstract void show2();
}
class C extends A{
    //外部类C不影响内部类D的继承
    class D extends B{
        public void show2(){
            System.out.println("B");
        }
    }
    D getD() {
        return new D();
    }
}
public class TestExample3{
    public static void main(String[] args){
        C c=new C();
        c.show1();
        c.getD().show2();
    }
}
```

程序运行结果：

```
A
B
```

【实践题目 4】用匿名内部类解决类的多继承问题（延伸实践题目 3）。

```java
//TestExample4.java
class A{
  public void show1()   {
    System.out.println("A");
  }
}
abstract class B{
  abstract void show2();
}
class C extends A{
  B getB(){
    return new B(){
      public void show2(){
        System.out.println("B");
      }
    };
  }
}
public class TestExample4{
  public static void main(String[] args){
    C c=new C();
    c.show1();
    c.getB().show2();
  }
}
```

实践 4：Lambda 表达式与函数式接口

Lambda 表达式可以理解成一段可以传递的代码（使代码像数据一样进行传递）。利用它可以写出更简洁、更灵活的代码，进而使 Java 语言的表达能力得以提升。

Lambda 表达式的标准格式为：

```
(参数类型 参数名称) -> { 代码语句 }
```

说明如下：

● 左侧小括号内的语法与传统方法的参数列表一致，无参则只保留 () 即可，多个参数则用逗号分隔。

● -> 代表指向动作。

● 大括号内的语法与传统方法体的要求基本一致。

Lambda 表达式适用于函数式接口。函数式接口是指一个接口中只有一个必须要被实现的方法。

【实践题目】练习使用 Lambda 表达式及函数式接口。

```java
//TestLam.java
import java.util.function.Function;
```

```java
import java.util.function.Supplier;
public class TestLam{
    static int get() {
        return 500;
    }
    public static void main(String[] args) throws Exception {
        //系统提供的供给型接口Supplier<T>，用来获取一个参数指定类型的对象数据
        Supplier<String> s = () -> "1";
        System.out.println(s.get());
        //系统提供的函数型接口Function<T,R>，用来根据一个类型的数据得到另一个类型的数据
        Function<Integer, String> f1 = (a) -> {
            return String.valueOf(a);
        };
        System.out.println(f1.apply(100));
        //用户自定义的Getable函数式接口
        Showable gtb1 = () -> 200;
        Showable gtb2 = () -> get();
        System.out.println(gtb1.show());
        System.out.println(gtb2.show());
    }
}
//自定义一个函数式接口
interface Showable{
    int show();
}
```

程序运行结果：

```
1
100
200
500
```

第 6 章　异常处理

实践导读

任何一个软件程序在运行初期都有可能会产生错误，在 Java 中，通常将运行时期产生的错误分为两类。一类是致命错误，它指的是一个合理的应用程序不能截获的严重的问题，大多数都是反常的情况。例如内存溢出等，一般的开发人员是无法处理这些错误的。另一类是非致命错误，也称为异常。异常（Exception）是 Java 程序在经过 javac 编译后，运行程序时所发生的会中断程序正常执行的错误。对待异常，不是简单地结束程序，而是通过异常传达的重要信息转去执行某段特殊的代码来处理这个异常，并设法恢复程序的正常执行。

本章的主要知识点如下：

- 异常的继承结构：基类为 Throwable，Error 和 Exception 继承自 Throwable。其中，Error 类描述了 Java 运行系统中的内部错误以及资源耗尽的情形。应用程序不应该抛出这种类型的对象（一般是由虚拟机抛出）。如果出现这种错误，除了尽力使程序安全退出外，在其他方面是无能为力的。所以，在进行程序设计时应该更关注 Exception 类。

- Exception 类又派生了许多子类，分为两部分：RuntimeException 类和非 RuntimeException 类。RuntimeException 类表示编程时所存在的隐患或错误在运行期间由 Java 虚拟机所产生的异常，包括错误的类型转换、数组越界访问和试图访问空指针等。处理 RuntimeException 的原则是如果出现 RuntimeException，那么一定是程序员的错误。例如，可以通过检查数组下标和数组边界来避免数组越界访问异常。其他非 RuntimeException 类异常一般是外部错误，例如试图从文件尾部后读取数据等，这并不是程序本身的错误，而是在应用环境中出现的外部错误。Exception 类就是供应用程序使用的。

- 异常处理在编写健壮的 Java 应用程序中扮演着非常重要的角色。异常处理并不是功能性需求，可在需要的时候来处理任何错误情况，比如资源不可用、非法输入、null 输入等。Java 提供很多异常处理特性，可通过内置的 try、catch、finally 关键字来实现。Java 同样允许创建新的异常和使用 throw 和 throws 抛出该异常。

实践目的

- 理解 Java 语言异常处理的基本概念和异常机制。
- 了解 Java 异常类的继承关系。
- 掌握 try-catch-finally 结构的使用方法。

- ⊙　掌握 throw 和 throws 的使用方法。
- ⊙　了解异常处理的使用原则。

实践 1：常见异常处理

Java 对异常的处理是按异常的分类处理的，不同的异常有不同的分类，每种异常都对应一个异常（类的）对象。

Java 异常处理语法结构中只有 try 块是必需的，也就是说，如果没有 try 块，则不能有后面的 catch 块和 finally 块；catch 块和 finally 块都是可选的，但 catch 块和 finally 块至少应出现一个，也可以同时出现；可以有多个 catch 块，捕获父类异常的 catch 块必须位于捕获子类异常的后面；多个 catch 块后还可以跟一个 finally 块，finally 块用于回收在 try 块里打开的物理资源，异常机制会保证 finally 块总被执行。throws 关键字主要在方法声明中使用，用于声明该方法中可能抛出的异常；而 throw 用于抛出一个实际的异常，throw 可以单独作为语句使用，抛出一个具体的异常对象。

【实践题目 1】异常的基本概念。

1．下列不属于 Error 的是（　　）。
   - A．动态链接失败
   - B．虚拟机错误
   - C．线程死锁
   - D．被零除

2．在 Java 中，与除零异常相对应的具体异常类是（　　）。
   - A．ClassCastException
   - B．ArithmeticException
   - C．RuntimeException
   - D．ArrayIndexOutOfBoundException

3．当方法遇到异常却不知如何处理时，以下提出的措施中最合适的一项是（　　）。
   - A．捕获异常　　　B．声明异常　　　C．嵌套异常　　　D．不作任何处理

4．对于 try 和 catch 子句的排列方式，以下选项中正确的是（　　）。
   - A．子类异常在前，父类异常在后
   - B．父类异常在前，子类异常在后
   - C．只能有子类异常
   - D．父类异常和子类异常不能同时出现在同一个 try 程序段内

5．在异常处理中，如释放资源、关闭文件、关闭数据库等由（　　）来完成。
   - A．try 子句
   - B．catch 子句
   - C．finally 子句
   - D．throw 子句

选择题答案：

1．D　2．B　3．B　4．A　5．C

【实践题目 2】从命令行输入两个数，使其相除并输出结果。

程序解析：从命令行输入数据时，首先要确认输入的参数是 2 个，因为传递到 args[]数组里面的参数不够 2 个的话在方法里面会出现数组下标越界的错误。之后输入的数据要调用 Integer.parseInt() 方法将其转换成整型数，此时要考虑输入的参数不能转换成功的情况。除此之外，在进行除法运算的时候要考虑除数为零的情况，最后将其他剩余的未知异常捕获。

参考程序：

```
//DivTest.java
public class DivTest{
    public static void main(String[] args){
        try{
            int a=Integer.parseInt(args[0]);
            int b=Integer.parseInt(args[1]);
            int c=a/b;
            System.out.println("你输入的两个数相除的结果是："+c);
        }
        catch(IndexOutOfBoundsException ie){
            System.out.println("数组越界，程序运行时输入的参数不够");
        }
        catch(NumberFormatException ne){
            System.out.println("数字格式异常：程序只能接受整数参数");
        }
        catch(ArithmeticException ae){
            System.out.println("算术异常");
        }
        catch(Exception e){//把Exception类对应的catch块放在最后
            System.out.println("未知异常");
        }
    }
}
```

进行异常捕获时不仅应该把 Exception 类对应的 catch 块放在最后，而且所有父类异常的 catch 块都应该排在子类异常 catch 块的后面，即一定要先捕获小异常，再捕获大异常。

【实践题目 3】编写程序，提醒用户从键盘上输入两个整数，计算它们的乘积并显示。在输入不正确时程序能够提醒用户输入错误，并允许用户再次输入。

程序解析：当从键盘上输入的是非整数数据时，程序无法进行乘法运算，应该给出输入类型不匹配的异常信息，并给出输入正确数据的机会，实现计算乘积并显示正确的结果。

参考程序：

```
//TestMulti.java
import java.util.InputMismatchException;
import java.util.Scanner;
public class TestMulti{
    public static void main(String[] args) {
        Scanner input = new Scanner(System.in);
        boolean flag = true;
        while (flag) {
            try {
                System.out.println("请输入两个整数：");
                int a = input.nextInt();
                int b = input.nextInt();
                System.out.println("a * b = " + (a * b));
                flag = false;    //当输入的两个数都是整数的时候，才会执行到这条语句
            } catch (InputMismatchException e) {
                System.out.println("输入的数字有误，请重新输入！");
                input.nextLine();    // 清空输入的数字
            }
```

```
        }
        input.close();
    }
}
```

【实践题目 4】编写一个简单的计算器程序，可以进行两个整数的加减乘除运算。

程序解析：当从键盘上输入数据时，有可能出现以下几种情况：当输入的式子不完整时，会出现下标元素越界的异常 ArrayIndexOutOfBoundsException；当输入的运算数不是整数而是其他的非整数数据时，在数据格式转换时会产生 NumberFormatException 异常；当输入的除数为 0 时会产生 ArithmeticException 异常；当输入的运算符不是 +-*/ 时，就需要在程序中生成一个异常，可以通过 throw 显式地抛出。

参考程序：

```java
//TestSimpleCal.java
import java.util.*;
public class TestSimpleCal{
    public static void main(String[] args){
        int p1,p2;
        char op;
        Scanner sc=new Scanner(System.in);
        while(true){
            System.out.println("请依次输入操作数1、操作符、操作数2");
            try{
                p1=sc.nextInt();
                op=sc.next().charAt(0);
                p2=sc.nextInt();
                SimpleCal spc = new SimpleCal(p1,op,p2);
                spc.calResult();
                break;
            }catch(ArithmeticException e){
                System.out.println("除数为0，不能进行除法运算！请重新输入：");
            }catch(InputMismatchException e){
                if(e.getMessage()==null){
                    System.out.println("输入的不是整数！请重新输入：");
                    sc.nextLine();
                }
                else{
                    System.out.println(e.getMessage()+"请重新输入：");
                }
            }
        }
        sc.close();
    }
}
class SimpleCal{
    private int operand1,operand2; //保存两个运算数据
    private char operator;              //operator保存运算符
    SimpleCal(){}                       //初始化运算式的构造方法
    SimpleCal(int operand1,char operator,int operand2){
        this.operand1 = operand1;
        this.operator = operator;
        this.operand2 = operand2;
```

```
    }
    public int calculate() throws ArithmeticException,InputMismatchException{
        int result=0;
        if(operator == '+')
            result=operand1+operand2;
        else if(operator == '-')
            result=operand1-operand2;
        else if(operator == '*')
            result=operand1*operand2;
        else if(operator == '/')
            result=operand1/operand2;
        else {
            throw new InputMismatchException("输入运算符时错误！");
        }
        return result;
    }
    //输出运算式和运算结果，算术异常/数据类型不匹配的异常抛给调用它的方法
    public void calResult() throws ArithmeticException,InputMismatchException{
        System.out.println("运算结果：" + operand1 + operator + operand2 + " = "+ calculate());
    }
}
```

实践 2：用户自定义异常

【实践题目 1】编写程序，输入一个班某门课程的成绩并统计平均分。当输入的成绩小于 0 分或大于 100 分时抛出异常，程序捕捉这个异常并作出相应处理。

程序解析：

（1）定义一个异常类 ScoreException，让其继承异常类 Exception。

（2）写一个 StuScore 类，为其添加静态方法 input()，通过标准输入（System.in）接收班级人数以及每一个 int 类型成绩。当输入的成绩小于 0 分或大于 100 分时抛出异常，异常参数 message 为"输入的成绩不合法，请重新输入"。

（3）输出平均成绩并保留 1 位小数。

（4）在主类 ExceptionTest 的 main() 方法中进行测试。

参考程序：

```
//ExceptionTest.java
import java.util.*;
class StuScore {
    static int score[] = new int[100];
    static double sum = 0;           //对成绩求和
    static int cnt = 0;              //用来记录当前输入的是第几个成绩
    static void input() {
        Scanner in = new Scanner(System.in);
        System.out.println("请输入班级人数：");
        int num;
        boolean flag = true;
        while (flag) {
            try {
```

```
                num = in.nextInt();
                if (num <= 0)
                    throw new ScoreException(num);
                for (int i = 0; i < num; i++) {
                    System.out.print("请输入成绩：");
                    try {
                        score[cnt] = in.nextInt();
                        if (score[cnt] > 100 || score[cnt] < 0)
                            throw new ScoreException(score[cnt]);
                        sum += score[cnt];
                        flag = false;
                    } catch (ScoreException e) {
                        System.out.println(e.warnMess());
                        num++;
                        cnt--;
                    } catch (InputMismatchException e) {
                        System.out.println("输入的数据格式有误！请重新输入：");
                        in.nextLine();
                        num++;
                        cnt--;
                    }
                    cnt++;
                }
            } catch (ScoreException e) {
                System.out.println(e.warnMess());
            } catch (Exception e) {
                System.out.println("输入的数据格式有误！请重新输入：");
                in.nextLine();
            }
        }
        in.close();
    }
}

//自定义异常类，当输入的分数不在0～100之间时进行信息描述
class ScoreException extends Exception {
    private static final long serialVersionUID = 1L;
    String message;
    public ScoreException() {
        super();
    }
    public ScoreException(int score) {
        message = "输入的数值范围不合法，请重新输入";
    }
    public String warnMess() {
        return message;
    }
}

public class ExceptionTest {
    public static void main(String args[]) {
        StuScore.input();
```

```
        System.out.println("----成绩录入完毕！----");
        double ans = StuScore.sum / StuScore.cnt;
        String s = String.format("%.1f", ans);
        System.out.println("平均成绩：" + s);
    }
}
```

注意自定义异常必须是自定义类继承 Exception。用户自定义异常类，一个方法在声明的时候可以使用 throws 关键字声明要产生的若干个异常，并在方法体中给出针对异常的操作。必须用到相应的异常类创建对象，并使用 throws 关键字抛出该异常对象，使得该方法结束执行。必须从 try-catch 块中调用可能发生的错误，catch 的作用就是捕获 throw 关键字抛出的异常对象。String.format() 指定具体的格式，使用方法可查阅 API 手册。

【实践题目 2】异常中 finally 的使用。一般是在 try-catch-finally 中配对使用 finally，多用来释放资源。当没有资源需要释放时，可以不用定义 finally。虽然 finally 的用法很简单，但还是有些地方需要注意。

无论 try 中是否发生异常，finally 语句都会被执行。如果 try-catch 中包含控制转移语句（return、continue、break），finally 都会在这些控制语句之前执行，但是如果 try-catch 中有 System.exit(0) 退出 JVM 或者 Daemon 线程退出（也就是线程被中断，被 kill），finally 语句都不会被执行。

try、catch、finally 这 3 个代码块中变量的作用域分别独立且不能相互访问。如果要在 3 个块中都可以访问，则需要将变量定义到这些块的外面。throw 语句后不允许紧跟其他语句，因为这些语句没有机会被执行。

请看下面的例子。

```java
//FinallyTest.java
public class FinallyTest {
    public static void main(String[] args) throws Exception{
        try{
            int a = testFinally(2);
            System.out.println("异常返回的结果a："+a);
        }catch(Exception e){
            int b = testFinally(1);
            System.out.println("正常返回的结果b："+b);
        }
        int b = testFinally(3);
        System.out.println("break返回的结果："+b);
        b = testFinally(4);
        System.out.println("return返回的结果："+b);
    }
    static int testFinally(int i) throws Exception{
        int flag = i;
        try{//一旦进入try块，无论程序是抛出异常还是有其他中断情况，finally块的内容都会被执行
            switch(i){
            case 1:
                ++i;
                break;   //程序正常结束
            case 2:
                throw new Exception("测试下异常情况");
            case 3:
```

```
            break;
        default :return -1;
        }
    }finally{
        System.out.println("当i="+flag+"时运行finally");
    }
    return i;
  }
}
```

程序运行结果：

```
当i=2时运行finally
当i=1时运行finally
正常返回的结果b：2
当i=3时运行finally
break返回的结果：3
当i=4时运行finally
return返回的结果：-1
```

运行结果说明无论上述什么情况，finally 块总会被执行。当第一次调用 testFinally 时 i=2，抛出异常被 catch 捕获，执行 finally 语句，之后在 catch 语句块内调用 testFinally，此时 i=1，执行 break 语句跳出 switch 循环语句，而执行 finally 语句，会执行到 return 语句，将结果返回到主方法的变量 b 中。后面两次调用 testFinally 方法均没有抛出异常，均执行 finally 语句后正常将值通过 return 语句将结果返回到主方法的变量 b 中，不过需要注意的是最后一次调用 testFinally 时通过的是 switch 语句内的 return 语句将值返回到变量 b 中的。

最后对异常进行简单的总结，对于可能出现异常的代码，有下面两种处理办法：

（1）在方法中用 try-catch 语句捕获并处理异常，catch 语句可以有多个，用来匹配多个异常。

（2）对于无法处理的异常或者要转型的异常，在方法的声明处通过 throws 语句抛出异常。如果每个方法都是简单地抛出异常，那么在方法调用方法的多层嵌套中，Java 虚拟机会从出现异常的方法的代码块中往回找，直到找到处理该异常的代码块为止，然后将异常交给相应的 catch 语句处理。如果 Java 虚拟机追溯到方法调用栈最底部的 main() 方法时仍然没有找到处理异常的代码块，将按照以下步骤处理：

1）调用异常的对象的 printStackTrace() 方法，打印方法调用栈的异常信息。

2）如果出现异常的线程为主线程，则整个程序运行终止；如果为非主线程，则终止该线程，其他线程继续运行。

综上，越早处理异常消耗的资源和时间越小，影响的范围也越小。因此，不要把自己能处理的异常抛给调用者。还有一点不可忽视，finally 中的语句块在任何情况下都必须执行，这样可以保证程序的可靠性，即在任何情况下都有必须执行的代码。如在使用数据库查询异常的时候，应该释放 JDBC 连接等。finally 语句先于 return 语句执行，不论它们的先后位置如何，也不管 try 块是否出现异常。finally 语句块中不能通过给变量赋新值来改变 return 的返回值，也建议不要在 finally 块中使用 return 语句，没有意义还容易导致错误。

第 7 章　输入与输出

实践导读

　　几乎所有的程序都离不开信息的输入与输出，在 Java 中，把所有的输入和输出都当作流来处理。"流"是一个抽象概念，它代表任何有能力产出数据的数据源对象或者是有能力接收数据的接收端对象。"流"屏蔽了实际的输入 / 输出设备中处理数据的细节。

　　Java 的输入 / 输出流中，根据它们的数据类型主要可分为两类：字节流和字符流。字节流是按字节读 / 写二进制数据，而字符流的输入 / 输出数据是字符码。

　　本章的主要知识点如下：

- Java 的基本输入 / 输出系统（包括文件的输入 / 输出）所使用的类大多都来自于包 java.io。

- Java 定义了两种类型的流：字节类和字符类。字节流为处理字节的输入和输出提供了方便的方法，例如使用字节流读或写二进制数据。字符流为字符的输入和输出处理提供了方便。字节流和字符流采用了统一的编码标准，因而可以国际化。在某些场合，字符流比字节流更有效，但在最底层，所有的输入 / 输出都是字节形式的。基于字符的流只为处理字符提供方便有效的方法。

- 抽象类 InputStream 和 OutputStream 定义了实现其他流类的关键方法，最重要的两种方法是 read() 和 write()，它们分别对数据的字节进行读写。这两种方法都在 InputStream 和 OutputStream 中被定义为抽象方法，它们被派生的流类重载。

- 抽象类 Reader 和 Writer 定义了几个实现其他流类的关键方法。其中两个最重要的是 read() 和 write()，它们分别进行字符数据的读和写。这些方法被派生的流类重载。

- 所有的 Java 程序自动导入 java.lang 包，该包定义了一个名为 System 的类，该类封装了运行时环境的多个方面。System 同时包含 3 个预定义的流变量：in、out 和 err。这些成员在 System 中是被定义成 public 和 static 型的，这意味着它们可以不引用特定的 System 对象而被用于程序的其他部分。System.out 是标准的输出流，默认情况下它是一个控制台。System.in 是标准输入，默认情况下它指的是键盘。System.err 指的是标准错误流，它默认是控制台。然而，这些流可以重定向到任何兼容的输入 / 输出设备。System.in 是 InputStream 的对象；System.out 和 System.err 是 PrintStream 的对象。它们都是字节流，尽管它们用来读写外设的字符，但可以用基于字符的流来包装它们。在 Java 中，控制台输入由从 System.in 读取数据来完成。为获得属于控制台的字符流，在 BufferedReader 对象中包装了 System.in。控制台输出由 print() 和 println() 来完成最为简单，这两种方法由 PrintStream(System.out 引用的对象类型）定义。尽管 System.out 是一个字节流，但用它作为简单程序的输出是可行的。

- File 类（文件特征与管理）用于文件或者目录的描述，例如生成新目录、修改文件名、删除文件、判断文件的所在路径等。File 类不是 InputStream、OutputStream 或 Reader、Writer 的子类，因为它不负责数据的输入 / 输出，而专门用来管理磁盘文件与目录。
- RandomAccessFile（随机文件操作）的功能丰富，可以从文件的任意位置进行存取（输入 / 输出）操作。
- Java 提供了一系列的读写文件的类和方法。在 Java 中，所有的文件都是字节形式的。Java 提供从文件读写字节的方法，而且 Java 允许在字符形式的对象中使用字节文件流。两个最常用的流类是 FileInputStream 和 FileOutputStream，它们生成与文件链接的字节流。为打开文件，只需创建这些类中某一个类的一个对象，再在构造函数中以参数形式指定文件的名称即可。这两个类都支持其他形式的重载构造函数。
- 缓冲流也叫高效流，是对 4 个基本输入输出流的增强。缓冲流的基本原理是创建流对象时会创建一个内置的默认大小的缓冲区数组，通过缓冲区来读写。
- 在 Java 中，允许可串行化的对象通过对象流进行传输。只有实现 Serializable 接口的类才能被串行化，Serializable 接口中没有任何方法，当一个类声明实现 Serializable 接口时，只是表明该类加入对象串行化协议。

实践目的

- 理解 Java 数据流的概念。
- 了解 Java 输入输出流的层次结构。
- 了解 Java 文件的分类（文本文件、二进制文件）。
- 掌握字节流的基本使用方法。
- 掌握字符流的基本使用方法，并能够创建、读写、更新文件。

实践 1：文件的基本操作

通过实践了解 File 类以及 File 类的常用方法。

【实践题目 1】参照 DOS 中的 dir 命令实现文件列表功能。

程序解析：设计要求为列出一个文件夹中所有符合条件的文件和目录，当主函数没有参数时，默认列出当前目录下的所有文件和目录；当主函数有一个参数时，则列出以这个参数所表示的文件夹中的所有文件和目录；当主函数有两个参数时，列出第一个参数所表示的文件夹中含有第二个参数所有表示的字符串的目录和文件。列出列表时要区分文件和目录的不同。

参考程序：

```
//TestDir.java
import java.io.*;
public class TestDir {
    public static void main(String args[]) {
```

```java
    try{
        String[] list = null;
        if(args.length==0){
            File dir = new File(".");
            list = dir.list();
        }
        else {
            File dir = new File(args[0]);
            if (args.length==1){
                System.out.println("目录"+" "+dir.getAbsolutePath()+" "+"的列表：");
                list=dir.list();
            }
            else {
                System.out.println("目录"+" "+dir.getAbsolutePath()+" "+"中含有字符串" +
                    " "+args[1]+" "+"的列表：");
                list=dir.list(new MyFileFilter(args[1]));
            }
        }
        for(int i=0;i<list.length;i++) {
            File f;
            if (args.length == 0)
                f = new File (list[i]);
            else
                f=new File(args[0]+"\\\\"+list[i]);
            if (f.isFile())
                System. out.println("file"+list[i]);
            else
                System. out.println("dir"+list[i]);
        }
    } catch (Exception e){
        File dir = new File(args[0]);
        if (dir.isFile())
            System.out.println("这是个文件，不是目录! \n文件的路径为： "+dir.getAbsolutePath());
        else
            System.out.println("不存在这个目录! ");
    }
}
}

class MyFileFilter implements FilenameFilter {
    String beginAlp;
    MyFileFilter (String beginAlp) {
        this.beginAlp = beginAlp;
    }
    public boolean accept(File dir, String name) {
        File file = new File(name);
        String filename = file.getName();
        return filename.indexOf(beginAlp)!= -1;
    }
}
```

程序运行结果：

```
file        secret. txt
```

file	.classpath
file	.project
dir	.settings
file	A.doc
file	apple.txt
file	b.doc
dir	bin
file	datal.ser
file	ok.txt
dir	src
file	text1.txt

此处运行结果是没有参数，即为工程所在目录下的文件列表，还可以通过 Run Configurations 命令来指定具体的目录，或者指定字符串来列出相关的文件列表。

【实践题目 2】将一个文本文件的内容按行读出，每读出一行就顺序添加行号并写入到另一个文件中。

程序解析：对于文件的读写一定要有异常的捕获，否则编译通不过，调试的时候文件如果不是用绝对路径创建的，那么默认的位置在工程所在的根目录下，一定要在运行之前文件就已经在相应的目录下保存，否则会抛出 FileNotFoundException（文件不存在异常）。

参考程序：

```java
//TestIO.java
import java.io.*;
public class TestIO {
  public static void main(String[] args) {
    BufferedReader br = null;
    BufferedWriter bw = null;
    try {
      br = new BufferedReader(new FileReader("input.java"));
      bw = new BufferedWriter(new FileWriter("output.java"));
      String str = "";
      int i = 1;
      while((str = br.readLine()) != null){
        bw.write(i+" ");
        bw.write(str);
        System.out.println(str);
        bw.newLine();
        i++;
      }
      bw.flush();
      bw.close();
      br.close();
    } catch (FileNotFoundException e) {
      System.out.println("找不到指定文件！");
    }catch (IOException e) {
      e.printStackTrace();
    }
  }
}
```

【实践题目 3】编写程序实现以下功能：

（1）产生 100 个 1 ～ 999 之间的随机整数，并将其存入文本文件 test.txt 中。

（2）从文件中读取这 100 个整数，计算其最大值、最小值和平均值并输出结果。

程序解析：本例主要考查利用 FileOutputStream、DataOutputStream、FileInputStream、DataInputStream 等类实现对文件的操作。

第一步：产生 100 个 1 ～ 999 之间的随机整数，将它们存入文本文件 test.txt 中，本程序利用 genRandom(File f) 方法来实现，该方法使用了 FileOutputStream 和 DataOutputStream 两个类。

第二步：将文件中的数据取出并计算最大值、最小值、平均值以及求和，本程序利用 calculate(File f) 方法来实现，该方法使用了 FileInputStream 和 DataInputStream 两个类。

参考程序：

```java
//TestFile1.java
import java.io.*;
public class TestFile1 {
    static int max, min, sum = 0;
    static int[] a = new int[100];
    public static void main(String args[]) {
        File f = new File("test.txt");
        if(f == null){
            System.out.println("Can't create the file");
            System.exit(0);
        }
        genRandom(f);
        calculate(f);
    }
    static void genRandom(File f){    //产生随机数方法
        try{
            FileOutputStream fos = new FileOutputStream(f);
            DataOutputStream dos = new DataOutputStream(fos);
            for(int i=0; i<100; i++){
                dos.writeInt((int)(Math.random()*1000));
            }
            dos.close();
        }catch(FileNotFoundException e){
            e.printStackTrace();
        }catch(Exception e){
            e.printStackTrace();
        }
    }
    static void calculate(File f){    //计算最大值、最小值、平均值以及求和方法
        try{
            FileInputStream fis = new FileInputStream(f);
            DataInputStream dis = new DataInputStream(fis);
            int i;
            for(i=0; i<100; i++){
                a[i] = dis.readInt();
            }
            dis.close();
            max = a[0];
            min = a[0];
            for(i=0; i<100; i++){
```

```
            if(max <a[i])
                max = a[i];
            if(min>a[i])
                min = a[i];
            sum += a[i];
        }
    }catch(FileNotFoundException e){
        e.printStackTrace();
    }catch(Exception e){
        e.printStackTrace();
    }
    int average = sum/100;
    System.out.println("max = "+max+"\tmin="+min);
    System.out.println("sum = "+sum+"\taverage="+average);
    }
}
```

程序运行结果：

```
max = 992    min=1
sum = 52769    average=527
```

实践 2：RandomAccessFile 的运用

类 RandomAccessFile 是 Java 输入 / 输出流体系中功能最丰富的文件内容访问类，它既可以读取文件内容，也可以向文件输出数据。与普通的输入 / 输出流不同的是，RandomAccessFile 支持跳到文件任意位置读写数据，RandomAccessFile 对象包含一个记录指针，用以标识当前读写处的位置。当程序创建一个新的 RandomAccessFile 对象时，该对象的文件记录指针位于文件头（也就是 0 处）；当读写 n 个字节后，文件记录指针将会向后移动 n 个字节。除此之外，RandomAccessFile 可以自由移动该记录指针。

RandomAccessFile 包含以下两个方法来操作文件记录指针：

● long getFilePointer()：返回文件记录指针的当前位置。

● void seek(long pos)：将文件记录指针定位到 pos 位置。

RandomAccessFile 类在创建对象时，除了指定文件本身外，还需要指定一个 mode 参数，该参数指定 RandomAccessFile 的访问模式，有以下 4 个值：

● r：以只读方式打开指定文件。如果试图对该 RandomAccessFile 来指定的文件执行写入方法则会抛出 IOException。

● rw：以读取、写入方式打开指定文件。如果该文件不存在，则尝试创建文件。

● rws：以读取、写入方式打开指定文件。相对于 rw 模式，rws 还要求对文件的内容或元数据的每个更新都同步写入到底层的存储设备中，默认情况下（rw 模式下）是使用 buffer 的，只有 cache 满的时候才使用。Random AccessFile.close() 关闭流的时候才真正地将数据写到文件中。

● rwd：与 rws 类似，该模式只是对文件的内容同步更新到磁盘上，而不修改文件的元数据。

【实践题目】本例对一个二进制整数文件实现访问操作，并以可读写方式 rw 打开一个文件 prinmes.bin，如果该文件不存在，将创建一个新文件。先将 2 作为最小素数写入文件中，再依次测试 100 以内的奇数，将每次产生的一个素数写入文件尾。

参考程序：

```java
//TestPrime.java
import java.io.*;
public class TestPrime{
    RandomAccessFile raf;
    public static void main(String args[]) throws IOException{
        (new TestPrime()). createprime(100);
    }
    public void createprime(int max) throws IOException{
        raf=new RandomAccessFile("primes.bin","rw");   //创建文件对象
        raf.seek(0);          //文件指针为0
        raf.writeInt(2);      //写入整型
        int k=3;
        while (k<=max)
        {
            if (isPrime(k))
                raf.writeInt(k);
            k = k+2;
        }
        output(max);
        raf.close();          //关闭文件
    }
    public boolean isPrime(int k) throws IOException{
        int i=0;
        boolean yes = true;
        try
        {
            raf.seek(0);
            int count = (int)(raf.length()/4);    //返回文件字节长度
            while ((i<=count) && yes)
            {
                if (k % raf.readInt()==0)          //读取整型
                    yes = false;
                else
                    i++;
                    raf.seek(i*4);                 //移动文件指针
            }
        } catch(EOFException e) { }            //捕获到达文件尾异常
        return yes;
    }
    public void output(int max) throws IOException{
        try
        {
            raf.seek(0);
            System.out.println("[2.."+max+"]中有 "+(raf.length()/4)+" 个素数：");
            for (int i=0;i<(int)(raf.length()/4);i++)
            {
                raf.seek(i*4);
                System.out.print(raf.readInt()+" ");
                if ((i+1)%10==0)
                    System.out.println();
            }
        } catch(EOFException e) { }
```

```
        System.out.println();
    }
}
```

实践 3：缓冲流的运用

【实践题目】本例对指定目录下后缀是 .java 的文件进行统计，一共有多少行代码？

参考程序：

```java
//TestBuffered.java
import java.io.BufferedReader;
import java.io.File;
import java.io.FileReader;
import java.io.IOException;
//文件搜索
public class TestBuffered {
    //定义常量记录代码的行数
    static  int count=0;
    public static void main(String[] args)  {
        //创建File对象
        File file = new File("C:\\Users\\HP\\workspace\\chapter7\\src\\chapter7");
        //调用打印目录方法
        try {
            System.out.println(printDir(file));
        } catch (Exception e) {
            e.printStackTrace();
        }
    }
    //打印目录方法
    public static int printDir(File dir) throws IOException {
        //获取子文件和目录
        File[] files = dir.listFiles();
        //循环打印
        for (File file1 : files) {
            //判断是否是文件
            if (file1.isFile()) {
                //判断文件名是否是.java
                if (file1.getName().endsWith(".java")) {
                    //定义高效字符输入流封装源文件
                    BufferedReader bufferedReader = new BufferedReader(new FileReader(file1));
                    //定义变量用来存储读取的数据
                    String line=null;
                    //输出java文件中的代码并记录行数
                    while ((line=bufferedReader.readLine())!=null){
                        System.out.println(line);
                        count++;
                    }
                }
                //判断当前查找到的文件是类型为目录的文件
                if(file1.isDirectory()){
                    printDir(file1);
                }
            }else {
```

```
        //是目录，继续遍历，形成递归
        printDir(file1);
      }
    }
    return count;
  }
}
```

本例在 printDir 方法中用到了递归来获取子目录里后缀是 .java 的文件并进行统计，listFiles() 函数可以将该目录下的所有文件都取出来。

实践 4：对象流的运用

【实践题目】现有一个 StudentTest 类，请编程实现将 StudentTest 类的两个实例写到文件 student.txt 中，并从 student.txt 中读取和输出实例。

```java
public class StudentTest {
  private int id;              //学号
  private String name ;        //姓名
  private int age;             //年龄
  public StudentTest(){
  }
  public StudentTest(int id, String name, int age) {
    super();
    this.id = id;
    this.name = name;
    this.age = age;
  }
  public String toString() {       // toString()
    return "Student [学号=" + id + "，姓名=" + name + "，年龄=" + age +"]" ;
  }
}
```

程序解析：允许可串行化的对象通过对象流进行传输，必须实现 Serializable 接口。由于 ObjectInputStream 和 ObjectOutputStream 是上层流，所以需要底层流的支持。本例选择 FileInputStream 作为底层流。

参考程序：

```java
//studentTest.java
import java.io.*;
public class StudentTest implements Serializable {
  private int id;                  //学号
  private String name ;            //姓名
  private int age;                 //年龄
  public StudentTest(){
  }
  public StudentTest(int id, String name, int age) {
    super();
    this.id = id;
    this.name = name;
    this.age = age;
  }

  public String toString() {// toString()
```

```
        return "Student [学号：" + id + "，姓名：" + name + "，年龄：" + age +"]" ;
    }
    public static void main(String [] args) throws IOException,ClassNotFoundException {
        StudentTest stu1 = new StudentTest(190801,"张康",19);
        StudentTest stu2 = new StudentTest(190802,"李明",18);
        StudentTest stu3 = new StudentTest(190803,"王敏",19);
        StudentTest stu4 = new StudentTest(190804,"赵丽",20);
        StudentTest stu5 = new StudentTest(190805,"郑天",21);
        File ff=new File("student.txt");
        FileOutputStream fileout=new FileOutputStream(ff);
        ObjectOutputStream objectout = new ObjectOutputStream(fileout);
        objectout.writeObject(stu1);
        objectout.writeObject(stu2);
        objectout.writeObject(stu3);
        objectout.writeObject(stu4);
        objectout.writeObject(stu5);
        fileout.close();
        objectout.close();
        FileInputStream filein = new FileInputStream("student.txt");
        ObjectInputStream objectin =new ObjectInputStream(filein);
        for(int i=0;i<5;i++){
            StudentTest tmp = (StudentTest) objectin.readObject();
            System.out.println(tmp);
        }
        filein.close();
        objectin.close();
    }
}
```

程序运行结果：

```
Student [学号：190801，姓名：张康，年龄：19]
Student [学号：190802，姓名：李明，年龄：18]
Student [学号：190803，姓名：王敏，年龄：19]
Student [学号：190804，姓名：赵丽，年龄：20]
Student [学号：190805，姓名：郑天，年龄：21]
```

writeObject 方法用于将对象写入流中。所有对象（包括 String 和数组）都可以通过 writeObject 写入，写的时候必须使用与写入对象相同的类型和顺序从相应的 ObjectInputStream 中读取对象。

实践 5：综合实践

【实践题目】对大文件实现分割处理，并将分割后的文件重新合并。

程序解析：本例用到 File 类的多个方法，需要参考 API 多加练习才能掌握。

参考程序：

```java
// FileUtil.java
import java.io.File;
import java.io.FileInputStream;
import java.io.FileOutputStream;
import java.io.IOException;
import java.io.InputStream;
import java.io.OutputStream;
```

```java
public class FileUtil {
    static final int MB = 1024*1024;
    static byte[] b = new byte[50*MB];
    //分割文件
    public static String cut(String fileName,int size)throws IOException{
        b = new byte[size*MB];
        return cut(fileName);
    }
    //分割文件并指定文件的目录
    public static void cut(String fileName,String filePath,int size)throws IOException{
        b = new byte[size*MB];
        cut(fileName,filePath);
    }
    public static String cut(String fileName) throws IOException{
        File file = new File(fileName);
        if(!file.exists()){
            throw new IOException("文件不存在！ ");
        }
        String filePath = fileName.substring(0, fileName.lastIndexOf("."));
        File f = new File(filePath);
        if(f.exists()){
            deleteDir(f);
        }else{
            f.mkdir();
        }
        InputStream is = new FileInputStream(file);
        OutputStream out = null;
        int i=0,c=0;
        while((i = is.read(b))!=-1){
            out = new FileOutputStream(new File(filePath+File.separator+(c++)+"."+file.getName().split("\\.")[1]));
            out.write(b, 0, i);
            out.flush();
            out.close();
        }
        is.close();
        return f.getPath();
    }

    public static void cut(String fileName,String filePath) throws IOException{
        File file = new File(fileName);
        if(!file.exists()){
            throw new IOException("文件不存在！ ");
        }
        File f = new File(filePath);
        if(f.exists()){
            deleteDir(f);
        }else{
            f.mkdir();
        }
        InputStream is = new FileInputStream(file);
        OutputStream out = null;
        int i=0,c=0;
        while((i = is.read(b))!=-1){
            out = new FileOutputStream(new File(filePath+File.separator+(c++)+"."+file.getName().split("\\.")[1]));
            out.write(b, 0, i);
            out.flush();
            out.close();
```

```
    }
    is.close();
  }
  //合并文件
  public static void merge(String filePath)throws Exception{
    File file = new File(filePath);
    if(!file.exists()){
      throw new Exception("文件不存在！");
    }
    File[] flist = file.listFiles();
    FileOutputStream fos = new FileOutputStream(file.getPath()+flist[0].getName().split("0")[1]);
    FileInputStream fis =null;
    for (File file2 : flist) {
      fis = new FileInputStream(file2);
      int i = fis.read(b);
      fos.write(b, 0, i);
      fis.close();
      file2.delete();    //删除目录下的文件
    }
    file.delete();        //删除目录，为了确认进行了分割，便于查看分割之后的文件及文件夹，可将
                          //此处及file2.delete();这两句代码注释掉
    fos.flush();
    fos.close();
  }
  //删除目录下的所有文件
  private static void deleteDir(File file){
    for (File f : file.listFiles()) {
      if(f.isFile()){
        f.delete();
      }else{
        deleteDir(f);
        f.delete();
      }
    }
  }
}


// FileTest.java
import java.io.IOException;
public class FileTest {
  public static void main(String[] args) {
    System.out.println("开始分割");
    String fileName = "D:/1/Kipper1.dat";
    try {
      String filePath = FileUtil.cut(fileName);
      System.out.println(filePath);
      System.out.println("合并文件");
      FileUtil.merge(filePath);   //由于源文件和合并之后的文件重名，会覆盖原有文件，可通过查看
                                  //文件的修改时间来确定文件是否进行了合并
    } catch (IOException e) {
      e.printStackTrace();
    } catch (Exception e) {
      e.printStackTrace();
    }
  }
}
```

第 8 章　集合和泛型

Java 集合是 Java 语言的重要组成部分，它封装了大量数据结构的实现。通过上机实践学会运用集合和泛型等相关知识来解决实际问题，从而提高编程能力。

本章的主要知识点如下：

- Java 集合类中主要有 Collection 接口、Iterator 接口、Set 接口、List 接口、Map 接口等。
- 数组的大小固定，只能存放类型相同的数据（基本类型 / 引用类型），访问效率高，不能随着需求的变化而扩容。集合是一种更强大、更灵活的，可随时扩容的容器。
- Collection 接口是 List 接口和 Set 接口的父接口，该接口里定义的方法既可用于操作 Set 集合，也可用于操作 List 集合。
- Iterator 通过遍历（即迭代访问）集合中的元素来获取或删除某元素。Iterator 本身不能盛装对象，仅用于遍历集合，可以应用于 Set、List、Map 以及这些集合的子类型。
- List 集合中的元素保持一定的顺序，并且允许有重复元素。
- Set 集合中的对象没有按照特定的方式进行排序，仅仅简单地将对象加入其中，但是 Set 集合中不能存放重复对象；HashSet 类按照 Hash 算法来存储集合中的元素；TreeSet 集合中的元素处于排序状态。
- Map 中的 key 键不允许重复（即 key 键唯一），value 值允许重复。HashMap 不能保证元素的顺序；TreeMap 存放的是有序数据，按照 key 键进行排序。
- 在没有泛型之前，集合中在加入特定对象时会将其当成 Object 类型，忘记对象本来的类型。当从集合中取出对象后，需要进行强制类型转换，这种操作不仅使代码臃肿，而且容易引起异常。引入泛型的集合可以记住元素类型，在编译时检查元素类型，如果向集合中添加不满足类型要求的对象，编译器就会提示错误。增加泛型使代码变得更简洁。
- Java 反射机制指的是在运行状态中，可以获得任意一个实体类的相关属性和方法，也可以调用给定对象的任意属性和方法。

- 掌握数组和集合之间的相互转换。
- 掌握集合类的特点和区别。
- 掌握泛型的用法。
- 学会运用集合和泛型来解决实际问题。
- 了解反射等基础知识。

实践 1：集合和数组的转换

【实践题目 1】了解和掌握数组和集合的区别，并学会两者之间如何进行转换。

数组与集合相互转换主要有两种方式：一种是利用 for 循环进行手动转换，另一种是使用集合或数组自带的方法进行转换。

（1）数组转换成集合。

1）手动转换。

```
List<String> list= new ArrayList<>();               //定义集合list
String[] arr = new String[] {"how", "are", "you"};  //定义数组arr
for (int i = 0; i < arr.length; i++) {
list.add(arr[i]);      }
```

2）使用集合自带的 asList() 方法。

```
String[] arr = new String[] {"how", "are", "you"};
List<String> list = Arrays.asList(arr);
```

（2）集合转换成数组。

1）手动转换。

```
List<String> list = new ArrayList<>();
list.add("how");
list.add("are");
list.add("you");
String[] arr = new String[list.size()];
for (int i = 0; i < list.size(); i++) {
   arr[i] = list.get(i);
}
```

2）使用集合的 toArray() 方法。

```
List<String> list = new ArrayList<>();
list.add("how");
list.add("are");
list.add("you");
String[] arr = list.toArray(new String[0]);
```

集合 List 的 toArray() 方法可以直接将集合转换成数组，但是如果使用下面这种方式进行转换：

```
String[] arr = (String[]) list.toArray();
```

编译运行时会报 java.lang.ClassCastException 的错误（类型无法转换）。

这是因为 Java 中的强制类型转换是针对单个对象才有效果的，而 List 是多对象的集合，所以将整个 List 强制转换是不行的 。

【实践题目 2】熟悉并掌握主要集合类的特点和区别。

下列可以包含重复元素且有序的集合类是（　）。

  A．ArrayList B．TreeSet   C．Collection   D．HashMap

答案：A

分析：Collection 接口是 List 接口和 Set 接口的父接口，该接口里定义的方法既可用于操作 Set 集合，也可用于操作 List 集合。List 接口、Set 接口和 Map 集合的继承关系如

图 8-1 所示。

（1）List 集合：保持元素顺序，允许重复。

● （List 实现类）ArrayList()：线性存储，方便查找等操作。

● （List 实现类）LinkedList()：链表结构，方便插入、删除等操作。

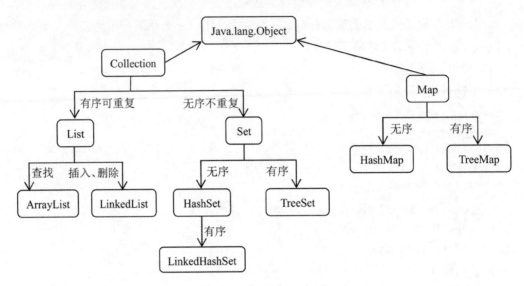

图 8-1 Java 集合框架图

（2）Set 集合：没有按照特定的方式对元素进行排序，不允许重复。

● （Set 实现类）HashSet 类：按照 Hash 算法来存储集合中的元素。

● （Set 实现类）TreeSet 类：有序。

（3）Map 集合：key 键不允许重复，value 值则允许重复。

● （Map 实现类）HashMap 类：无序。

● （Map 实现类）TreeMap 类：有序，按照 key 键进行排序。

实践 2：ArrayList 和 LinkList 的使用

【实践题目 1】了解 ArrayList 类的扩容原理。

ArrayList list = new ArrayList(10); 中的 list 扩充了（　　）次。

　　A. 0　　　　　　B. 10　　　　　　C. 15　　　　　　D. 20

答案：A

分析：ArrayList 类有 3 个构造函数，如下：

● ArrayList list=new ArrayList();：构造一个初始容量为 10 的空列表。

● ArrayList list=ArrayList(Collection<? extends E> c);：构造一个包含指定 collection 的元素的列表，这些元素是按照该 collection 的迭代器返回它们的顺序排列的。

● ArrayList list=new ArrayList((int initialCapacity);：构造一个具有指定初始容量的空列表（创建时直接分配初始容量，没有扩充）。

在本题中调用的是第三个构造函数，直接初始化大小为 10 的 list，没有扩容，所以选择 A。

【实践题目 2】给定一个 LinkList 集合类，在指定索引位置查找、插入和删除相关元素，并且输出每个元素。

程序解析：在进行查找、插入和删除指定元素时有 3 种情况：在链表的首部、尾部、中间位置对元素进行操作。

在首部进行查找和删除元素时，用到的方法为 getFirst() 和 removeFirst()；在尾部进行查找和删除元素时，用到的方法为 getLast() 和 removeLast()；在中间位置进行查找、插入和删除元素时，用到的方法有以下 3 种：

- get(int index)：返回此列表中指定位置处的元素。
- add(int index, E element)：在此列表的指定位置插入指定的元素。
- remove(int index)：移除此列表指定位置处的元素。

参考程序：

```java
//MyLink.java
import java.util.*;
public class MyLink{
    public static void main(String[] args){
        LinkedList ln=new LinkedList();
        ln.add("a");          //索引位置为0
        ln.add("b");          //索引位置为1
        ln.add("c");          //索引位置为2
        ln.add("d");          //索引位置为3
        System.out.println("列表初始化所有元素： "+ln);
        System.out.print("查找第几个位置上的元素： ");
        Scanner in= new Scanner(System.in);
        System.out.println(ln.get(in.nextInt()));     //查找指定位置上的元素
        System.out.print("在第几个位置上插入元素： ");
        Scanner insert_index= new Scanner(System.in);
        Scanner insert_data= new Scanner(System.in);
        ln.add(insert_index.nextInt(),insert_data.nextInt());     //在指定位置插入元素
        System.out.println("插入数据后列表的所有元素： "+ln);
        System.out.print("删除第几个位置上的元素： ");
        Scanner delete= new Scanner(System.in);
        ln.remove(delete.nextInt());     //在指定位置删除相关元素
        System.out.println("删除数据后列表的所有元素： "+ln);
    }
}
```

程序运行结果：

```
列表初始化所有元素： [a, b, c, d]
查找第几个位置上的元素： 0
a
在第几个位置上插入元素： 1
2
插入数据后列表的所有元素： [a, 2, b, c, d]
删除第几个位置上的元素： 3
删除数据后列表的所有元素： [a, 2, b, d]
```

通过本次实践应该了解和掌握在中间位置进行添加操作不如在链表首尾的操作更加高效，因为需要找到插入位置的节点，再修改前后节点的指针，如图 8-2 所示。

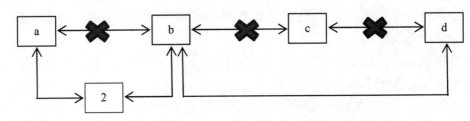

图 8-2　添加、删除节点示意图

实践 3：HashSet 和 TreeSet 集合的使用

【实践题目 1】编写一个程序，随机输入 5 个字符串且不能重复，并将最终结果输出。

程序解析：需要随机输入 5 个字符串而且不能重复，所以用 HashSet 集合来实现。如果 HashSet 的 size 小于 5，那么可以一直输入字符串；如果大于等于 5 就停止输入。在输入过程中，如果输入了重复的字符串，HashSet 集合不会将其加入。

参考程序：

```java
//MySet.java
import java.util.*;
public class MySet {
    public static void main(String[] args) {
        Scanner sc = new Scanner(System.in);
        System.out.println("请输入字符：");
        HashSet<String> hs = new HashSet<>();
        while(hs.size() < 5){
            hs.add(sc.nextLine());
        }
        System.out.print(hs);
    }
}
```

程序运行结果：

```
请输入字符：
as
er
ty
er
ui
io
[as, ui, ty, io, er]
```

通过本次实践应该了解和掌握以下两点：

（1）HashSet 类按照 Hash 算法（哈希算法）来存储集合中的元素，根据对象的哈希码确定对象的存储位置。

（2）HashSet 不允许插入重复对象，针对用户自行定义的对象，需要重写 hashCode() 和 equals() 方法才能避免添加重复的对象。

【实践题目 2】自定义一个成绩类，包括学号、姓名和总成绩，再将一组值赋予该成绩类，并且不能重复，最后将结果按照一定的顺序输出。

程序解析：数据不能重复并且要求结果按一定的顺序输出，此时可以使用 TreeSet 集合来实现。为了保证数据不能重复，需要在 Grade 类中重写 compareTo() 方法，对学号、姓名和成绩都要进行比较，比较结果都相等才是重复数据。

参考程序：

```
//MyComp.java
import java.util.*;
class Grade implements Comparable<Grade>{
    private String xh;
    private String xm;
    private int grade;
    public Grade() {
        super();
    }
    public Grade(String xh, String xm,int grade) {
        super();
        this.xh = xh;
        this.xm = xm;
        this.grade=grade;
    }
    public String getXh() {
        return xh;
    }
    public void setXh(String xh) {
        this.xh = xh;
    }
    public String getXm() {
        return xm;
    }
    public void setXm(String xm) {
        this.xm = xm;
    }
    public int getGrade() {
        return grade;
    }
    public void setGrade(int grade) {
        this.grade = grade;
    }
    @Override
    public int compareTo(Grade g) {
        //return -1;         //-1表示放在红黑树的左边，即逆序输出
        //return 1;          //1表示放在红黑树的右边，即顺序输出
        //return 0;          //0表示元素相同，仅存放第一个元素
        int xh_m0=this.xh.length()-g.xh.length();                //学号长度对比
        int xh_m=xh_m0==0?this.xh.compareTo(g.xh):xh_m0;         //判断学号是否相等
        int xm_m0=this.xm.length()-g.xm.length();                //姓名长度对比
        int xm_m=xm_m0==0?this.xm.compareTo(g.xm):xm_m0;         //判断姓名是否相等
        int xh_xm=xh_m==0?xm_m:xh_m;
        int ssm=xh_xm==0?this.grade-g.grade:xh_xm;
        //学号和姓名完全相同，不代表成绩相同，因此还要判断成绩是否相同
        return ssm;
    }
}
```

```
public class MyComp {
    public static void main(String[] args) {
        TreeSet<Grade> tr=new TreeSet<Grade>();
        //创建元素对象
        Grade g1=new Grade("003","Lucy",85);
        Grade g2=new Grade("002","Lily",60);
        Grade g3=new Grade("001","Mary",90);
        Grade g4=new Grade("003","Lucy",85);
        Grade g5=new Grade("006","Abby",59);
        //将元素对象添加到集合对象中
        tr.add(g1);
        tr.add(g2);
        tr.add(g3);
        tr.add(g4);
        tr.add(g5);
        System.out.println("学号"+"\t姓名"+"\t成绩");
        //遍历
        for(Grade g:tr){
            System.out.println(g.getXh()+"\t"+g.getXm()+"\t"+g.getGrade());
        }
    }
}
```

程序运行结果：

学号	姓名	成绩
001	Mary	90
002	Lily	60
003	Lucy	85
006	Abby	59

通过本次实践应该了解和掌握以下两点：

（1）TreeSet 集合中的元素不允许重复。

（2）TreeSet 集合采用红黑树对数据进行排序，因此，如果需要一个保持顺序的集合时应该选择 TreeSet；如果经常对元素进行添加、查询等操作，则应该首先选择 HashSet。

实践 4：成绩信息系统

【实践题目】设计一个学生成绩的程序，可以进行添加、删除、修改、查找等操作。

程序解析：此时可以使用 HashMap 集合来实现，在添加学生成绩信息时应保证学号的唯一性，如果集合中已经存在相应的学号，那么将不允许重复添加。

参考程序：

```
//Grade.java
public class Grade{
    private String xh;          //学号
    private String xm;          //姓名
    private String grade;       //成绩
    public Grade(){}
    public Grade(String xh, String xm,String grade) {
        this.xh = xh;
        this.xm = xm;
```

```
      this.grade = grade;
    }
    public String getXh() {
      return xh;
    }
    public void setXh(String xh) {
      this.xh = xh;
    }
    public String getXm() {
      return xm;
    }
    public void setXm(String xm) {
      this.xm = xm;
    }
    public String getGrade() {
      return grade;
    }
    public void setGrade(String grade) {
      this.grade = grade;
    }
    @Override
    public String toString() {
      return "xh（学号）=" + xh + "，xm（姓名）=" + xm + "，grade（成绩）=" + grade + "分";
    }
}

//Major.java
import java.util.*;
public class Major {
  private static Crue crue;
  public static void main(String[] args) {
    HashMap<String,Grade> hmp = new HashMap<String,Grade>();
    while (true) {
      System.out.println("-----学生成绩相关信息-----");
      System.out.println("1 添加学生");
      System.out.println("2 删除学生");
      System.out.println("3 修改学生");
      System.out.println("4 查看所有学生");
      System.out.println("5 退出");
      System.out.println("请输入你的选择：");
      Scanner sc = new Scanner(System.in);     //用Scanner实现键盘录入数据
      String line = sc.nextLine();
      switch(line){
      case "1":
        crue.addGrade(hmp);
        break;
      case "2":
        crue.deleteGrade(hmp);
        break;
      case "3":
        crue.updateGrade(hmp);
        break;
```

```
                case "4":
                    crue.findAllGrade(hmp);
                    break;
                case "5":
                    System.out.println("谢谢使用");
                    System.exit(0);
            }
        }
    }
}

//Crue.java
import java.util.*;
public class Crue{
    //添加学生成绩信息
    public static void addGrade(HashMap<String,Grade> hmp) {
        Scanner sc = new Scanner(System.in);
        System.out.println("请输入学生学号：");
        String xh = sc.nextLine();
        //判断是否已经存在相同学号，如果存在，请重新输入学号
        if (hmp.size()!=0){
            for(Object key:hmp.keySet()){
                if (key.equals(xh)){
                    System.out.println("学号已存在，请重新输入！");
                    System.out.println("请输入学生学号：");
                    xh = sc.nextLine();
                    break;
                }
            }
        }

        System.out.println("请输入学生姓名：");
        String xm = sc.nextLine();
        System.out.println("请输入学生成绩：");
        String grade = sc.nextLine();
        Grade grd = new Grade();
        //创建成绩对象，把键盘录入的数据赋值给成绩对象的成员变量
        grd.setXh(xh);
        grd.setXm(xm);
        grd.setGrade(grade);
        hmp.put(grd.getXh(),grd);    //将成绩对象添加到集合中
        System.out.println("添加学生成功");
    }
    //删除学生成绩信息
    public static void deleteGrade(HashMap<String,Grade> hmp) {
        Scanner sc = new Scanner(System.in);
        System.out.println("请输入你要删除的学生学号：");
        String sid = sc.nextLine();
        //在删除/修改学生信息之前对学号是否存在进行判断
        //如果不存在，显示提示信息
        //如果存在，执行删除/修改操作
        int flag=0;
```

```java
        for(Object key:hmp.keySet()){
            if (key.equals(sid)){
                flag=1;
                hmp.remove(sid);
                System.out.println("学号删除成功"); break;
            }
        }
        if(flag==0)System.out.println("该信息不存在，请重新输入");
    }

    //修改学生成绩信息
    public static void updateGrade(HashMap<String,Grade> hmp) {
        Scanner sc = new Scanner(System.in);
        System.out.println("请输入你要修改的学生学号：");
        String ssid = sc.nextLine();
        for(Object key:hmp.keySet()){
            if (key.equals(ssid)){
                System.out.println("请输入修改后的成绩为：");
                String grade = sc.nextLine();
                Grade grd = new Grade();
                grd.setXh(ssid);
                grd.setXm(hmp.get(ssid).getXm());
                grd.setGrade(grade);
                hmp.put(ssid,grd);
                System.out.println("成绩修改成功！");
                break;
            }else
                System.out.println("该信息不存在，请重新输入");
        }
    }
    //查看学生成绩信息
    public static void findAllGrade(HashMap<String,Grade> hmp){
        if (hmp.size()==0){
            System.out.println("无信息，请先添加信息再查询");
            return;
        }
        Set<Entry<String,Grade>> set=hmp.entrySet();
        for(Entry<String,Grade> entry:set){
            System.out.println(entry.getValue());
        }
    }
}
```

通过本次实践应该了解和掌握以下两点：

（1）HashMap 集合中存在两组值，一组值是 key 键，另外一组值为 value 值，key 键不允许重复（即 key 键唯一），value 值允许重复。

（2）在集合中引入泛型能够提供编译时的类型安全，并且从集合中取得元素后不必再强制转换。

第9章 图形用户界面设计

Java 语言中主要由 java.awt 和 javax.swing 包来实现用户交互界面（GUI）。通过上机实践充分体会用户交互界面带来的简洁性和直观性，并利用 GUI 的相关知识来解决实际问题。

本章的主要知识点如下：

- AWT 依赖本地系统，可在不同平台上运行，外观风格可能会不同。Swing 包是 AWT 包的升级，即使移植到其他系统平台上界面外观也不会发生变化。

- 容器（Container）主要有顶层容器（JFrame、JDialog 等）和中间容器（JPanel、JScrollPane 等）。

- 常用的组件有按钮（JButton）、单选按钮（JRadioButton）、复选框（JCheckBox）、文本框（JTextField）、文本域（JTextArea）、标签（JLabel）、密码框（JPasswordField）、选择框（JComboBox）、列表（JList）、表格（JTable）、树（JTree）、菜单（JMenu）等。这些组件都继承了 javax.swing.JComponent 类，同时也都继承了 JComponent 中的方法。

- 布局管理器有 FlowLayout（流式布局）、BorderLayout（边界布局）、GridLayout（网格布局）、GridBagLayout（网格包布局）、CardLayout（卡片布局），它们所属类包是 Java.awt，除此之外，还有 BoxLayout（箱式布局），所属类包是 Java.Swing。

- 一次事件处理过程会涉及 3 个对象：事件源、事件和监听器。

- 用户在操作应用程序界面中的组件时就会产生事件（Event）；事件源是指事件的来源对象，即事件发生的场所，通常就是各个组件；一般把事件的处理者叫事件监听器。

- 常用的适配器主要有 ComponentAdapter（组件适配器）、ContainerAdapter（容器适配器）、FocusAdapter（焦点适配器）、KeyAdapter（键盘适配器）、MouseAdapter（鼠标适配器）、MouseMotionAdapter（鼠标运动适配器）、WindowAdapter（窗口适配器）。

- 掌握几种常见的容器类。
- 熟悉常见的组件。
- 熟练运用常见的几种布局管理器。
- 掌握事件处理机制。

实践1：组件属性

【实践题目1】设置窗体 Frame 和 Panel 的背景颜色。

程序解析：题目要求设置窗体和面板的颜色，需要在窗体中加入面板，面板中也可以再加入其他组件，窗体的背景颜色需要使用 getContentPane() 函数，面板的颜色使用 setBackground(Color c) 设置。

参考程序：

```java
//MyBackground.java
import java.awt.*;
import javax.swing.*;
public class MyBackground{
    public static void main(String args[]){
        JFrame frame=new JFrame("MyJFrame");     //创建一个JFrame对象
        JPanel jpanel=new JPanel();
        JButton jb=new JButton("按钮1");
        frame.getContentPane().setBackground(Color.BLUE);
        frame.setLayout(new FlowLayout(FlowLayout.CENTER));
        frame.add(jpanel);
        jpanel.add(jb);
        jpanel.setBackground(Color.RED);
        jpanel.setSize(150,100);
        frame.setSize(193,140);
        frame.setLocation(150,120);
        frame.setDefaultCloseOperation(JFrame.EXIT_ON_CLOSE);
        frame.setVisible(true);
    }
}
```

程序运行结果如图 9-1 所示。

图 9-1　背景颜色设置

通过本次实践应该了解和掌握以下两点：

（1）窗体的背景颜色不能直接使用 setBackground(Color c) 来进行设置，否则无效。

（2）窗体 JFrame 为顶层容器，JPanel 为中间容器，但是 JPanel 不能像窗体一样独立存在，只能放在其他容器中。JPanel 本身作为容器也可以容纳其他组件。

【实践题目2】在下列代码中，哪些按钮会随着窗体的变化而变化，哪些按钮的大小会保持不变？程序运行结果如图 9-2 所示。

```
//MyShape.java
import java.awt.*;
import javax.swing.*;
public class MyShape {
  public static void main(String args[]){
    JFrame frame=new JFrame("MyJFrame");      //创建一个JFrame对象
    JPanel jp1=new JPanel();
    JPanel jp2=new JPanel(new BorderLayout());
    JPanel jp3=new JPanel();
    JButton jb1=new JButton("按钮1");
    JButton jb2=new JButton("按钮2");
    JButton jb3=new JButton("按钮3");
    JButton jb4=new JButton("按钮4");
    frame.setLayout(new GridLayout(2,2,2,2));
    jp1.add(jb1);
    jp2.add(jb2,new BorderLayout().CENTER);
    jp3.add(jb3);
    frame.add(jp1);
    frame.add(jp2);
    frame.add(jp3);
    frame.add(jb4);
    jp1.setBackground(Color.BLUE);
    jp2.setBackground(Color.RED);
    jp3.setBackground(Color.YELLOW);
    frame.setSize(193,140);
    frame.setLocation(150,120);
    frame.setDefaultCloseOperation(JFrame.EXIT_ON_CLOSE);
    frame.setVisible(true);
  }
}
```

图 9-2　组件变化示意图

答案：随着窗体的变化，按钮 2 和按钮 4 会变化，按钮 1 和按钮 3 不会发生变化。

答案分析：在该程序中，按钮 1 添加到了面板 jp1（默认布局）中，按钮 3 添加到了面板 jp3（默认布局）中，所以按钮 1 和按钮 3 的大小不会随窗体的变化而变化；按钮 2 添加到了面板 jp2（BorderLayout 布局）中，按钮 4 直接添加到了窗体（GridLayout 布局）中，因此它们会随着窗体变化而变化。

通过本次实践应该了解和掌握以下两点：

（1）在布局管理器中，只有 FlowLayout 布局管理器下的组件在容器发生改变时其大小保持不变，其他布局管理器下的组件都会随容器的改变而改变。

（2）JPanel 默认布局是 FlowLayout，JFrame 默认布局是 BorderLayout。

实践 2：事件处理

【实践题目 1】在窗体中添加两个按钮来实现事件触发，一个按钮控制窗口变颜色，另一个按钮控制面板变颜色，运行效果如图 9-3 所示。

程序解析：根据题意，需要在两个按钮中都添加事件处理代码，并且颜色设置为随机。

参考程序：

```java
//MyColor.java
import java.awt.*;
import java.awt.event.*;
import javax.swing.*;
public class MyColor{
    private JFrame frame;
    private JPanel jpanel;
    private JButton jb1;
    private JButton jb2;
    public MyColor(){
        frame=new JFrame();
        jpanel=new JPanel();
        jb1=new JButton("窗口变色");
        jb2=new JButton("面板变色");
        jb1.addActionListener(new ActionListener(){
            public void actionPerformed(ActionEvent e){
                if(e.getSource()==jb1){
                    int r=(int)(Math.random()*1000)%256;
                    int g=(int)(Math.random()*1000)%256;
                    int b=(int)(Math.random()*1000)%256;
                    frame.getContentPane().setBackground(new Color(r,g,b));
                }
            }
        });
        jb2.addActionListener(new ActionListener(){
            public void actionPerformed(ActionEvent e){
                if(e.getSource()==jb2){
                    int r=(int)(Math.random()*1000)%256;
                    int g=(int)(Math.random()*1000)%256;
                    int b=(int)(Math.random()*1000)%256;
                    jpanel.setBackground(new Color(r,g,b));
                }
            }
        });
        init();
    }
    private void init(){
        frame.setTitle("背景色");
        frame.setLayout(new FlowLayout(FlowLayout.CENTER));
        frame.add(jpanel);
        jpanel.add(jb1);
        jpanel.add(jb2);
```

```
        frame.setSize(220,140);
        frame.setLocation(150,120);
        frame.setDefaultCloseOperation(JFrame.EXIT_ON_CLOSE);
        frame.setVisible(true);
    }
    public static void main(String args[]){
        new MyColor();
    }
}
```

图 9-3　添加变色控制按钮

【实践题目 2】快递费用计算：普通快件收费以"首重＋续重"的方式去计算，快递按公斤计算，超过 1 公斤按 2 公斤算，超过 2 公斤按 3 公斤算，依此类推。一般是省内首重 6 元 1 公斤，续重 2 元；外省普通地区首重 15 元 1 公斤，续重 6 元；外省偏远地区首重 20 元 1 公斤，续重 8 元。

程序解析：在该程序中分别设置"快递重量"和"快递费用"两个标签（JLabel）；再设置两个文本框（JTextField），分别是"快递重量"（用来输入快递重量）和"快递费用"（用来显示快递费用）；还要添加 3 个单选按钮（JRadioButton），分别是"省内"、"省外"（不包括偏远地区）和"省外偏远"；最后添加两个按钮（JButton），分别进行快递费计算和退出程序。

参考程序：

```
//Compute.java
import java.awt.*;
import java.awt.event.*;
import javax.swing.*;
public class Compute{
    private JFrame frm;
    private JPanel panel1;
    private JLabel label1;
    private JLabel label2;
    private JTextField text1;
    private JTextField text2;
    private JRadioButton radioButton1;
    private JRadioButton radioButton2;
    private JRadioButton radioButton3;
    private ButtonGroup btg;
    private JButton buttonCompute;
    private JButton buttonExit;
    private class ButtonHandler implements ActionListener{
        public void actionPerformed(ActionEvent e){
            double fee = 0, temp = 0;
            if(e.getSource()==(JButton)buttonCompute){
                temp = Double.parseDouble(text1.getText());    //获取输入的快递重量公斤
            }else
                System.exit(0);
```

```
        if(radioButton1.isSelected()){ //判断是否为省内
            if(temp==1)
                fee = temp*6.0;
            else if(temp>1)
                fee = 1*6.0+(temp-1)*2.0;
        }else if(radioButton2.isSelected()){
            if(temp==1)
                fee = temp*15.0;      //计算省外
            else if(temp>1)
                fee = 1*15.0+(temp-1)*6.0;}
        else if(radioButton3.isSelected()){
            if(temp==1)
                fee = temp*20.0;      //计算省外
            else if(temp>1)
                fee = 1*20.0+(temp-1)*8.0;}
        text2.setText(fee+"元");      //将计算结果设置为text2
    }
}
public Compute(){
    frm = new JFrame("快递费计算");
    panel1 = new JPanel();
    label1 = new JLabel("快递重量");
    label2 = new JLabel("快递费用");
    text1 = new JTextField(10);
    text2 = new JTextField(10);
    radioButton1 = new JRadioButton("省内",true);
    radioButton2 = new JRadioButton("省外");
    radioButton3 = new JRadioButton("省外偏远");
    btg = new ButtonGroup();
    buttonCompute = new JButton("计算");
    buttonExit = new JButton("退出");
    ButtonHandler buttonListener = new ButtonHandler();      //创建事件监听器
    buttonCompute.addActionListener(buttonListener);         //注册事件监听器
    buttonExit.addActionListener(buttonListener);            //注册事件监听器
    init();
}
public void init(){
    Container  cp = frm.getContentPane();
    btg.add(radioButton1);
    btg.add(radioButton2);
    panel1.add(label1);
    panel1.add(text1);
    panel1.add(radioButton1);
    panel1.add(radioButton2);
    panel1.add(radioButton3);
    panel1.add(label2);
    panel1.add(text2);
    panel1.add(buttonCompute);
    panel1.add(buttonExit);
    cp.add(panel1);
    frm.setSize(230,180);
    frm.setVisible(true);
    frm.setResizable(false);
```

```
            frm.setDefaultCloseOperation(JFrame.EXIT_ON_CLOSE);
            Dimension d=Toolkit.getDefaultToolkit().
            getScreenSize();
            frm.setLocation((d.width-200)/2,(d.height-120)/2);
        }
      public static void main(String[] args){
          new Compute();
      }
  }
```

程序运行结果如图 9-4 所示。

图 9-4　快递费用计算

【实践题目 3】给定长方形的长和宽或正方形的边长、圆的半径，分别计算出长方形面积、正方形面积和圆面积。

程序解析：在主界面中设置 3 个按钮（图 9-5），分别用来计算长方形面积、正方形面积和圆面积，单击相应的按钮进入相应的界面，输入长和宽或正方形的边长、圆的半径，单击"计算"按钮，结果便会显示在下方的文本域中，如图 9-6 至图 9-8 所示。

参考程序：

```
//MyArea.java
import java.awt.event.*;
import javax.swing.*;
public class MyArea extends JFrame{
    private JButton jb1;
    private JButton jb2;
    private JButton jb3;
    MyArea()  {
        jb1=new JButton("长方形面积");
        jb2=new JButton("正方形面积");
        jb3=new JButton("圆形面积");
        jb1.addActionListener(new ActionListener(){
            public void actionPerformed(ActionEvent e){
                if(e.getSource()==jb1){
                    new MyArea1().show();
                }
            }
        });
        jb2.addActionListener(new ActionListener(){
            public void actionPerformed(ActionEvent e){
                if(e.getSource()==jb2){
                    new MyArea2().show();
                }
            }
        });
        jb3.addActionListener(new ActionListener(){
```

```
        public void actionPerformed(ActionEvent e){
            if(e.getSource()==jb3){
                new MyArea3().show();
            }
        }
    });
    init();
}
private void init(){
    this.setTitle("计算面积");
    this.setLayout(null);
    jb1.setBounds(55,20,150,30);
    jb2.setBounds(55,55,150,30);
    jb3.setBounds(55,90,150,30);
    this.add(jb1);
    this.add(jb2);
    this.add(jb3);
    this.setSize(260,170);
    this.setLocationRelativeTo(null);
    this.setDefaultCloseOperation(JFrame.DISPOSE_ON_CLOSE);
    this.setVisible(true);
}
public static void main(String args[]){
    new MyArea();
}
}
```

图 9-5　计算面积主界面

```
//MyArea1.java
import java.awt.*;
import java.awt.event.*;
import java.text.DecimalFormat;
import javax.swing.*;
public class MyArea1 extends JFrame{
    private JPanel pn1;
    private JPanel pn2;
    private JLabel jlable11;
    private JLabel jlable12;
    private JTextField jtf1;
    private JTextField jtf2;
    private JTextArea jta;
    private JButton jb1;
    public MyArea1(){
        pn1=new JPanel();
        pn2=new JPanel();
```

```
        jtf1=new JTextField(6);
        jtf2=new JTextField(6);
        jta=new JTextArea();
        jlable11=new JLabel("长(cm):");
        jlable12=new JLabel("宽(cm):");
        jb1=new JButton("计算");
        jb1.addActionListener(new ActionListener(){
            public void actionPerformed(ActionEvent e){
                double a=Double.parseDouble(jtf1.getText());
                double b=Double.parseDouble(jtf2.getText());
                double s=a*b;
                DecimalFormat db = new DecimalFormat("#.0");
                jta.setText("长方形的面积为:"+db.format(s));
            }
        });
        init();
    }
    private void init(){
        this.setTitle("长方形面积");
        this.setLayout(new GridLayout(2,2));
        this.add(pn1);
        this.add(pn2);
        pn1.add(jlable11);
        pn1.add(jtf1);
        pn1.add(jlable12);
        pn1.add(jtf2);
        pn1.add(jb1);
        pn2.add(jta);
        this.setSize(260,150);
        this.setLocationRelativeTo(null);
        this.setDefaultCloseOperation(JFrame.DISPOSE_ON_CLOSE);
        this.setVisible(true);
    }
}
```

 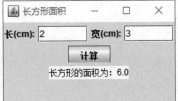

图 9-6　计算长方形面积

```
//MyArea2.java
import java.awt.*;
import java.awt.event.*;
import java.text.DecimalFormat;
import javax.swing.*;
public class MyArea2 extends JFrame{
    private JPanel pn1;
    private JPanel pn2;
    private JLabel jlable11;
```

```java
        private JTextField jtf1;
        private JTextArea jta;
        private JButton jb1;
        public MyArea2(){
            pn1=new JPanel();
            pn2=new JPanel();
            jtf1=new JTextField(8);
            jta=new JTextArea();
            jlable11=new JLabel("边长（cm）:");
            jb1=new JButton("计算");
            jb1.addActionListener(new ActionListener(){
                public void actionPerformed(ActionEvent e){
                    double a=Double.parseDouble(jtf1.getText());
                    double s=a*a;
                    DecimalFormat db = new DecimalFormat("#.0");
                    jta.setText("正方形的面积为:"+db.format(s));
                }
            });
            init();
        }
        private void init(){
            this.setTitle("正方形面积");
            this.setLayout(new GridLayout(2,1));
            this.add(pn1);
            this.add(pn2);
            pn1.add(jlable11);
            pn1.add(jtf1);
            pn1.add(jb1);
            pn2.add(jta);
            this.setSize(260,150);
            this.setLocationRelativeTo(null);
            this.setDefaultCloseOperation(JFrame.DISPOSE_ON_CLOSE);
            this.setVisible(true);
        }
    }
```

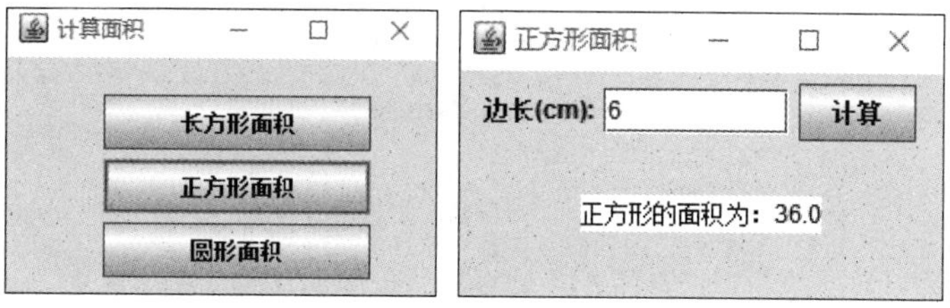

图 9-7　计算正方形面积

```java
//MyArea3.java
import java.awt.*;
import java.awt.event.*;
import java.text.DecimalFormat;
import javax.swing.*;
public class MyArea3 extends JFrame{
    private JPanel pn1;
    private JPanel pn2;
```

```
private JLabel jlable12;
private JTextField jtf1;
private JTextArea jta;
private JButton jb1;
public MyArea3(){
    pn1=new JPanel();
    pn2=new JPanel();
    jtf1=new JTextField(8);
    jta=new JTextArea();
    jlable12=new JLabel("半径(cm):");
    jb1=new JButton("计算");
    jb1.addActionListener(new ActionListener(){
        public void actionPerformed(ActionEvent e){
            double r=Double.parseDouble(jtf1.getText());
            double s=3.14*r*r;
            DecimalFormat db = new DecimalFormat("#.0");
            jta.setText("圆的面积为:"+db.format(s));}
    });
    init();
}
private void init(){
    this.setTitle("圆的面积");
    this.setLayout(new GridLayout(2,1));
    this.add(pn1);
    this.add(pn2);
    pn1.add(jlable12);
    pn1.add(jtf1);
    pn1.add(jb1);
    pn2.add(jta);
    this.setSize(260,150);
    this.setLocationRelativeTo(null);
    this.setDefaultCloseOperation(JFrame.DISPOSE_ON_CLOSE);
    this.setVisible(true);
    }
}
```

图 9-8　计算圆形面积

通过本次实践应该了解和掌握以下两点：

（1）一个 GUI 程序由 4 个部分组成，分别是基本组件、容器、布局管理和事件处理。

（2）在主界面的 3 个按钮中都需要添加事件处理代码，以分别跳到不同的界面中计算相应的面积。

第 10 章　MySQL 数据库与 JDBC 编程

实践导读

JDBC 技术是连接数据库与应用程序的纽带，也是一套基于 Java 技术的数据库编程接口，由一些操作数据库的 Java 类和接口组成。通过上机实践充分体会 JDBC 的概念、工作原理和在 Java 程序中访问 MySQL 数据库的方法。

本章的主要知识点如下：

- Java 程序访问 MySQL 数据库的过程。
- JDBC API 中常用的类和接口的使用。

实践目的

- 掌握 Java 程序访问 MySQL 数据库的五步法。
- 掌握数据的查询和更新方法。
- 熟悉 JDBC API 中主要的接口和类。
- 掌握 JDBC API 中主要的类和接口的常用方法。
- 能综合运用所学知识开发数据库访问程序。

实践 1：访问 MySQL 数据库的基本操作

通过实践，练习 Java 程序访问 MySQL 数据库的五步法，练习 JDBC API 中主要的类和接口的常用方法，实现对数据的查询和更新。

【实践题目】在 MySQL 中创建一个数据库 Library，并在该数据库中建立一个表示图书的数据表，表中有书号、书名、作者、出版社、出版日期、库存量、价格等字段。

设计程序，在 Library 数据库中实现如下操作：

（1）向图书表中插入 3 条记录。

（2）查询图书表中作者为"张晓峰"的图书，并输出查询得到的结果。

（3）修改图书表中图书的价格，所有图书的价格上浮 12%。

（4）删除图书表中库存量低于 2 本的图书。

创建数据库和表的 SQL 语句如下：

```
DROP DATABASE IF EXISTS library;
CREATE DATABASE library;
USE library;
DROP TABLE IF EXISTS book;
CREATE TABLE book (
```

```
bId char(3) NOT NULL COMMENT '图书编号',
bName varchar(50) NOT NULL COMMENT '图书书名',
author varchar(20) NOT NULL COMMENT '作者姓名',
pubComp varchar(50) NOT NULL COMMENT '出版社',
pubDate date DEFAULT NULL COMMENT '出版日期',
bCount int(4) unsigned DEFAULT NULL COMMENT '现存数量',
price float(10,2) DEFAULT NULL COMMENT '单价',
PRIMARY KEY (bId)
) ENGINE=InnoDB DEFAULT CHARSET=utf8 COMMENT='图书信息表';
```

编程实现数据库的 Java 参考程序：

```java
//TestCon.java
import java.sql.*;        //引入sql包
public class TestCon {
    public static void main(String[] args) {
        //声明JDBC驱动程序类型
        String JDriver = "com.mysql.jdbc.Driver";
        //定义JDBC的URL对象
        String conURL = "jdbc:mysql://localhost:3306/library?characterEncoding=utf-8";
        try {
            //加载JDBC驱动程序
            Class.forName(JDriver);
        } catch (ClassNotFoundException e) {
            System.out.println("无法加载JDBC驱动程序。" + e.getMessage());
        }
        Connection con = null;        //创建连接
        Statement s = null;           //声明Statement的对象
        try {
            //连接数据库URL
            con = DriverManager.getConnection(conURL, "root", "0000");
            //实例化Statement类对象
            s = con.createStatement();
            //1 使用SQL命令insert向表中插入三行数据
            String st1 = "insert into book"+
                    "values('001','数据库原理','王珊','高等教育','2015-07-12',100,35.8),"+
                    "('002','软件测试','郑炜','人民邮电','2019-11-01',100,49.8),"+
                    "('003','Python编程','张晓峰','人民邮电','2018-10-05',100,46)";
            s.executeUpdate(st1);
            System.out.println("插入数据成功！");
            //2 查询图书表中作者为"张晓峰"的图书，并将查询得到的结果输出
            String st2 = "select * from book where author='张晓峰'";
            ResultSet rs = s.executeQuery(st2);
            while (rs.next()) {
                System.out.print(rs.getString(1) + " ");
                System.out.print(rs.getString(2) + " ");
                System.out.print(rs.getString(3) + " ");
                System.out.print(rs.getString(4) + " ");
                System.out.print(rs.getDate(5) + " ");
```

```
        System.out.print(rs.getInt(6) + "  ");
        System.out.println(rs.getFloat(7) + "  ");
    }
    //3 修改图书表中图书的价格，所有图书价格上浮百分之二十
    String st3 = "update book set price=price*1.2";
    s.executeUpdate(st3);
    System.out.println("修改数据成功！");
    //4 删除图书表中库存量低于2的图书
    String st4 = "delete from book where bCount<2";
    s.executeUpdate(st4);
    System.out.println("删除数据成功！");
} catch (SQLException e) {
    System.out.println("SQLException:" + e.getMessage());
} finally {
    try {
        if (s != null) {
            s.close();
            s = null;
        }
        if (con != null) {
            con.close();     //关闭与数据库的连接
            con = null;
        }
    } catch (SQLException e) {
        e.printStackTrace();
    }
}
    }
}
```

程序运行结果：

插入数据成功！
003　Python编程　张晓峰　人民邮电　2018-10-05　100　46.0
修改数据成功！
删除数据成功！

通过本次实践应该了解和掌握以下几点：

（1）驱动程序中字符串和连接数据库 URL 字符串的书写。

（2）Java 程序访问 MySQL 数据库的五步法：第一步，加载 JDBC 驱动程序；第二步，创建和服务器的连接；第三步，创建 Statement 的对象，由 Statement 对象发出数据访问请求；第四步，如果请求是查询数据，需要创建结果集接收并处理返回的查询结果；第五步，关闭和数据库的连接。

（3）数据查询和数据更新的 SQL 语句不同，执行相应的 SQL 语句用到的方法也不同。

（4）JDBC API 中常用的接口和类如下：

● DriverManager 类：驱动管理器。

● Connection 接口：表示数据库连接。

● Statement 接口：负责执行 SQL 语句。

● ResultSet 接口：表示 SQL 查询语句返回的结果集。

实践 2：综合实践

【实践题目】创建图形用户界面，用于管理 Library 数据库中的图书。

本程序只实现图书的逐条浏览和删除功能。程序的图形用户界面如图 10-1 所示。

图 10-1　图形用户界面

1. 定义图书类

参考程序：

```java
//Book.java
public class Book {
    private String bid;
    private String bname;
    private String author;
    private String pubcomp;
    private String pubdate;
    private int bcount;
    private float price;
    public String getBid() {
        return bid;
    }
    public void setBid(String bid) {
        this.bid = bid;
    }
    public String getBname() {
        return bname;
    }
    public void setBname(String bname) {
        this.bname = bname;
    }
    public String getAuthor() {
        return author;
    }
    public void setAuthor(String author) {
        this.author = author;
```

```
    }
    public String getPubcomp() {
      return pubcomp;
    }
    public void setPubcomp(String pubcomp) {
      this.pubcomp = pubcomp;
    }
    public String getPubdate() {
      return pubdate;
    }
    public void setPubdate(String pubdate) {
      this.pubdate = pubdate;
    }
    public int getBcount() {
      return bcount;
    }
    public void setBcount(int bcount) {
      this.bcount = bcount;
    }
    public float getPrice() {
      return price;
    }
    public void setPrice(float price) {
      this.price = price;
    }
}
```

2. 定义从数据库中读取图书记录的类

在用户操作界面中要显示和删除图书记录，因此，在本程序中专门定义了一个存取图书信息的类，该类中定义了一些处理图书记录的静态方法。

```java
//LibraryMethod.java
import java.sql.*;
import java.util.*;
import javax.swing.JOptionPane;
public class LibraryMethod {
    private static ArrayList<Book> BookList=new ArrayList<>();
    private static Connection conn=null;
    private static Statement stmt=null;
    private static ResultSet rs=null;
    private static int loc=0;
    //获取数据库中book表中的信息
    public static void getConnection(){
      try {
        Class.forName("com.mysql.jdbc.Driver");
        String url = "jdbc:mysql://localhost:3306/library?useUnicode=true&characterEncoding=UTF-
            8&useSSL=false";
        conn = DriverManager.getConnection(url,"root","1206");
      } catch (ClassNotFoundException e) {
        e.printStackTrace();
      } catch (SQLException e) {
        e.printStackTrace();
      }
```

```
    }
    //查询
    public static ArrayList getAllBook(){
        BookList.clear();
        try{
            getConnection();
            stmt=conn.createStatement();
            String strSql="select * from book";
            rs=stmt.executeQuery(strSql);
            while(rs.next()){
                Book book=new Book();
                book.setBid(rs.getString(1));
                book.setBname(rs.getString(2));
                book.setAuthor(rs.getString(3));
                book.setPubcomp(rs.getString(4));
                book.setPubdate(rs.getString(5));
                book.setBcount(rs.getInt(6));
                book.setPrice(rs.getFloat(7));
                BookList.add(book);
            }
        }catch(Exception e){
            JOptionPane.showMessageDialog(null, "数据异常!"+e, "异常", JOptionPane.ERROR_
                MESSAGE);
        }
        finally{
            close();
        }
        return BookList;
    }
    //关闭数据库
    static void close(){
        try{
            rs.close();
            stmt.close();
            conn.close();
        }catch(Exception e){
            JOptionPane.showMessageDialog(null, "数据库关闭异常"+e, "数据异常", JOptionPane.ERROR_
                MESSAGE);
        }
    }
    //当前
    public static Book getCurrentBook(){
        if(BookList.size()>0){
            return (Book) BookList.get(loc);
        }
        else
            return null;
    }
    //下一个
    public static Book getNextBook(){
        loc++;
        if(loc<BookList.size()){
```

```
        return (Book) BookList.get(loc);
      }
      else{
        loc--;
        return (Book) BookList.get(loc);
      }
    }
    //前一个
    public static Book getPrevBook(){
      loc--;
      if(loc >= 0){
        return (Book) BookList.get(loc);
      }
      else{
        loc++;
        return (Book) BookList.get(loc);
      }
    }
    //第一个
    public static Book getFirstBook(){
      if(BookList.size()>0){
        loc = 0;
      }
      return (Book) BookList.get(loc);
    }
    //最后一个
    public static Book getLastBook(){
      if(BookList.size()>0){
        loc = BookList.size()-1;
        return (Book) BookList.get(loc);
      }
      else
        return null;
    }
    //删除图书
    public static void deleteBook(){
      Book s=getCurrentBook();
      String strSql="delete from book where bid='"+s.getBid()+"'";
      try{
        getConnection();
        stmt=conn.createStatement();
        stmt.executeUpdate(strSql);
        JOptionPane.showMessageDialog(null, "删除成功!");
        if(loc>0)loc--;
      }catch(Exception e){
        JOptionPane.showMessageDialog(null, "删除失败"+e, "删除失败", JOptionPane.ERROR_MESSAGE);
      }
      finally{
        close();
      }
    }
  }
```

3. 定义用户操作界面类

用户操作界面使用 JFrame 框架窗口，该窗口使用 BorderLayout 布局管理器。

```java
//LibraryGUI.java
import java.awt.*;
import java.awt.event.ActionEvent;
import java.awt.event.ActionListener;
import javax.swing.*;
@SuppressWarnings("serial")
public class LibraryGUI extends JFrame{
//定义7个标签并右对齐
    private JLabel labBNo = new JLabel("图书编号",JLabel.RIGHT);
    private JLabel labBName = new JLabel("书名",JLabel.RIGHT);
    private JLabel labAuthor = new JLabel("作者",JLabel.RIGHT);
    private JLabel labPubcomp = new JLabel("出版社",JLabel.RIGHT);
    private JLabel labPubdate = new JLabel("出版日期 ",JLabel.RIGHT);
    private JLabel labBcount = new JLabel("现存数量",JLabel.RIGHT);
    private JLabel labPrice = new JLabel("单价",JLabel.RIGHT);
//定义7个文本框
    private JTextField txtBId = new JTextField(6);
    private JTextField txtBName = new JTextField(12);
    private JTextField txtAuthor = new JTextField(6);
    private JTextField txtPubcomp = new JTextField(12);
    private JTextField txtPubdate = new JTextField(16);
    private JTextField txtBcount = new JTextField(4);
    private JTextField txtPrice = new JTextField(4);
//定义显示图书信息的4个按钮
    private JButton btnFirst=new JButton("第一个");
    private JButton btnPrior=new JButton("上一个");
    private JButton btnNext=new JButton("下一个");
    private JButton btnLast=new JButton("最后一个");

//定义2个按钮
    private JButton btnSelect=new JButton("查询");
    private JButton btnDelete=new JButton("删除");

//定义一个选项卡窗格
    private JTabbedPane tbp=new JTabbedPane();
//定义选项卡窗格中的面板
    private JPanel tabpanel1=new JPanel();
//定义放7个标签的面板
    private JPanel labpanel=new JPanel();
//定义放7个文本框的面板
    private JPanel txtpanel=new JPanel();
//定义放4个按钮的面板
    private JPanel btnpanel=new JPanel();
//定义工具栏
JToolBar toolBar=new JToolBar();
LibraryGUI(){
    //将4个工具按钮添加到工具栏中
    toolBar.add(btnSelect);
```

```
toolBar.add(btnDelete);
this.setLayout(new BorderLayout(5, 5));
//将工具栏添加到窗体北部
this.add(BorderLayout.NORTH,toolBar);
//为放标签的面板设置布局
labpanel.setLayout(new GridLayout(7, 1, 8, 8));
labpanel.add(labBNo);
labpanel.add(labBName);
labpanel.add(labAuthor);
labpanel.add(labPubcomp);
labpanel.add(labPubdate);
labpanel.add(labBcount);
labpanel.add(labPrice);
//为放文本框的面板设置布局
txtpanel.setLayout(new GridLayout(7,1,8,8));
//将文本"图书编号"添加到面板上
JPanel p1=new JPanel(new FlowLayout(FlowLayout.LEFT));
p1.add(txtBId);
txtpanel.add(p1);
//将文本"书名"添加到面板上
JPanel p2=new JPanel(new FlowLayout(FlowLayout.LEFT));
p2.add(txtBName);
txtpanel.add(p2);
//将文本"作者"添加到面板上
JPanel p3=new JPanel(new FlowLayout(FlowLayout.LEFT));
p3.add(txtAuthor);
txtpanel.add(p3);
//将文本"出版社"添加到面板上
JPanel p4=new JPanel(new FlowLayout(FlowLayout.LEFT));
p4.add(txtPubcomp);
txtpanel.add(p4);
//将文本"出版日期"添加到面板上
JPanel p5=new JPanel(new FlowLayout(FlowLayout.LEFT));
p5.add(txtPubdate);
txtpanel.add(p5);
//将文本"现存数量"添加到面板上
JPanel p6=new JPanel(new FlowLayout(FlowLayout.LEFT));
p6.add(txtBcount);
txtpanel.add(p6);
//将文本"单价"添加到面板上
JPanel p7=new JPanel(new FlowLayout(FlowLayout.LEFT));
p7.add(txtPrice);
txtpanel.add(p7);
//选项卡的布局
tabpanel1.setLayout(new BorderLayout(10, 10));
//将标签面板添加到选项卡上
tabpanel1.add(BorderLayout.WEST,labpanel);
//将文本框面板添加到选项卡上
tabpanel1.add(BorderLayout.CENTER,txtpanel);
//将选项卡添加到选项卡窗格中
tbp.add("图书信息 ",tabpanel1);
//将选项卡窗格添加到窗口的中部
```

```java
this.add(tbp);
//将4个按钮添加到按钮面板中
btnpanel.add(btnFirst);
btnpanel.add(btnPrior);
btnpanel.add(btnNext);
btnpanel.add(btnLast);
//将按钮面板添加到窗口的南部
this.add(BorderLayout.SOUTH,btnpanel);
//显示图书信息
refreshBook();
//给btnFirst按钮添加事件监听器
btnFirst.addActionListener(new ActionListener() {
    public void actionPerformed(ActionEvent e) {
        Book s = LibraryMethod.getFirstBook();
        showBook(s);
    }
});
//给btnPrior添加监听
btnPrior.addActionListener(new ActionListener() {
    public void actionPerformed(ActionEvent e) {
        Book s = LibraryMethod.getPrevBook();
        showBook(s);
    }
});
//给btnNext添加监听
btnNext.addActionListener(new ActionListener() {
    public void actionPerformed(ActionEvent e) {
        Book s = LibraryMethod.getNextBook();
        showBook(s);
    }
});
 //给btnLast添加监听
btnLast.addActionListener(new ActionListener() {
    public void actionPerformed(ActionEvent e) {
        Book s = LibraryMethod.getLastBook();
        showBook(s);
    }
});
//给btnDelete添加监听
btnDelete.addActionListener(new ActionListener() {
    public void actionPerformed(ActionEvent e) {
        LibraryMethod.deleteBook();
        LibraryMethod.getAllBook();
        refreshBook();
    }
});

this.setDefaultCloseOperation(JFrame.EXIT_ON_CLOSE);
this.setTitle("图书信息管理");
this.setSize(400,400);
this.setLocationRelativeTo(null);
this.setVisible(true);
```

```
    }

    //显示图书信息的方法
    private void showBook(Book s){
        txtBId.setText(s.getBid());
        txtBName.setText(s.getBname());
        txtAuthor.setText(s.getAuthor());
        txtPubcomp.setText(s.getPubcomp());
        txtPubdate.setText(s.getPubdate());
        txtBcount.setText(String.valueOf(s.getBcount()));
        txtPrice.setText(String.valueOf(s.getPrice()));
    }

    //刷新窗口中显示的图书信息
    private void refreshBook(){
        LibraryMethod.getAllBook();
        Book s = LibraryMethod.getCurrentBook();
        if(s!=null){
            showBook(s);
        }
    }

    public static void main(String[] args){
        new LibraryGUI();
    }
}
```

参考文献

[1] 任泰明. Java 语言程序设计案例教程 [J]. 西安：西安电子科技大学出版社，2008.

[2] 耿祥义，张跃平. Java 程序设计精编教程 [M]. 3 版. 北京：清华大学出版社，2017.

[3] 明日科技. Java 经典编程 300 例 [M]. 北京：清华大学出版社，2012.

[4] 刘丽华，李浪，刘前. Java 程序设计 [M]. 长春：吉林大学出版社，2014.

[5] 李尊朝，李昕怡，苏军. Java 语言程序设计例题解析与实验指导 [M]. 北京：中国铁道出版社，2013.

[6] 辛运帏，饶一梅，张钧. Java 程序设计题解与上机指导 [M]. 3 版. 北京：清华大学出版社，2013.

[7] 朱福喜. Java 语言习题与解析 [M]. 北京：清华大学出版社，2006.